ESSAY

KRITIK

MARGINALIEN

Dan Zimmer, Lecturer am Civic, Liberal, and Global Education Program der Universität Stanford. – Der Beitrag erschien unter dem Titel *A New Political Compass* am 10. Juni 2025 in *NOĒMA*.

Petra Gehring, geb. 1961, Professorin am Institut für Philosophie der Universität Darmstadt. 2025 erschien *Biegsame Expertise. Geschichte der Bioethik in Deutschland*.
gehring@phil.tu-darmstadt.de

Matthias Noell, geb. 1967, Kunsthistoriker, Professor für Architekturgeschichte und Architekturtheorie an der Universität der Künste Berlin. 2020 erschien *Wider das Verschwinden der Dinge. Die Erfindung des Denkmalinventars*; 2022 *Tendenzen der 80er-Jahre. Architektur und Städtebau in Deutschland* (Hrsg. zus m. Carina Kitzenmaier).
m.noell@udk-berlin.de

Florence Sutcliffe-Braithwaite, Historikerin, Professorin am University College London. 2024 erschien *Women and the Miner's Strike, 1985–1985* (zus. m. Natalie Thomlinson). – Der Beitrag erschien unter dem Titel *Holed below the Waterline* in der *London Review of Books* vom 6. November 2025.

Lothar Müller, geb. 1954, Autor und Journalist. 2025 erschien *Die Feuerschrift. Giacomo Casanova und das Ende des alten Europa*.
lg.mueller@t-online.de

Kerstin Holm, geb. 1958, Journalistin. 2003 erschien *Das korrupte Imperium*, 2012 *Moskaus Macht und Musen*.

Alexander Blankenagel, geb. 1946, war Professor für öffentliches Recht, Russisches Recht und Rechtsvergleichung an der Humboldt-Universität zu Berlin. 2014 erschien *Den Verfassungsstaat nachdenken* (Hrsg.).
alexander.blankenagel@rewi.hu-berlin.de

Heinz Bude, geb. 1954, Professor emeritus für Makrosoziologie an der Universität Kassel, seit 2020 Gründungsdirektor des documenta-Instituts. 2024 erschien *Abschied von den Boomern*, 2025 *Transit 64* (zus. mit Bettina Munk u. Karin Wieland).

Christoph Paret, geb. 1985, Wissenschaftlicher Mitarbeiter am Institut für Philosophie der Universität Wien. 2023 erschien *Wer hat Angst vorm alten weißen Mann? Maren Ades Rendezvous mit Alain Badiou*.
christoph.paret@univie.ac.at

ZU DIESEM HEFT

»Ich persönlich habe bei meinen Besuchen in den letzten Jahren in Russland keinerlei Feindseligkeiten erlebt.« So lautet der erste Satz von Kerstin Holms Bericht, in dem sie über die immer massiveren Restriktionen gegen die Kulturpolitik, aber auch ihre eigenen Erfahrungen und Gespräche mit Anhängern und Gegnern der Putin-Diktatur schreibt. Holm war von 1991 bis 2013 Korrespondentin der *FAZ* für den Raum der ehemaligen Sowjetunion und ist auch danach regelmäßig weiter nach Russland gereist. Zuletzt im Frühsommer 2025, davon handelt ihr in diesem Heft abgedruckter Text. Sie hatte uns schon von ihrer für den Winter geplanten nächsten Reise berichtet – in der *FAZ* vom 19. November, wenige Wochen nach Abgabe ihres *Merkur*-Texts, schrieb sie dann aber, dass ihr die Einreise trotz Visum verweigert worden sei. Viel schlimmer noch: Sie wurde ohne weitere Begründung auf Lebenszeit zur *persona non grata* erklärt. So bitter das ist, so wenig wird es nach der Lektüre ihres Berichts noch überraschen.

Nicht weniger lange als Kerstin Holm ist Alexander Blankenagel, einst Professor unter anderem für Russisches Recht an der Humboldt-Universität zu Berlin, mit Russland befasst. Seit den neunziger Jahren war er immer wieder vor Ort als Experte in den Versuch involviert, Russland in einen Rechtsstaat zu transformieren. Vom fortgesetzten Scheitern dieses Versuchs handelt sein Bericht, der sich durch die Jahrzehnte bis in die mehr als finstere Gegenwart bewegt. Wirklich an den Rechtsstaat geglaubt haben unter den Juristen allerdings ohnehin die wenigsten, so Blankenagel. Schließlich hat sie die Erfahrung gelehrt, dass das Recht in Russland stets auf Seiten der Macht steht, egal was die Verfassung verspricht.

CD/EK

Dan Zimmer

Das Leben selbst

Ein neuer politischer Kompass

Im April 2025 verkündete Michael Kratsios, der Wissenschaftsberater des US-Präsidenten: »Präsident Trump hat uns allen, die im Dienste seiner Regierung stehen, eine monumentale Aufgabe aufgetragen – die Erneuerung unserer Nation.«[1] Frühere Staatschefs sprachen von moralischer oder geistiger Erneuerung, Trump versprach in seiner ersten Präsidentschaft eine Wiedergeburt in der Terminologie des Nativismus. Mittlerweile wiederum forciert er eine andere Form der politischen Erneuerung, mit Kratsios gesprochen: »Unsere Technologien und das, was wir mit ihnen machen, werden die Werkzeuge sein, mit denen wir das Schicksal unseres Landes in diesem Jahrhundert gestalten werden.«

Kaum jemand war darauf vorbereitet, wie energisch die zweite Trump-Regierung sich der Technologie zuwenden würde. Obwohl Tech-Oligarchen wie Elon Musk oder die Finanziers Peter Thiel (Kratsios' ehemaliger Chef) und Marc Andreessen sich scheinbar fest an die politische Rechte gebunden haben, gibt es nichts an diesen politischen Figuren, was in einem relevanten Sinn als »konservativ« gelten könnte. Trumps ehemaliger Berater Steve Bannon warnte in einem Interview im Januar 2025 sogar ausdrücklich vor ihnen: »Du bist nur ein digitaler Leibeigener. Deinen Wert als menschliches Lebewesen [...] bedenken sie nicht. Für sie ist alles digital [...] Sie sind alle superprogressive *Liberals*. Sie sind alle Techno-Feudalisten. Sie kümmern sich einen feuchten Dreck um den Menschen.«[2] Damit liegt Bannon im Großen und Ganzen richtig, und je schneller wir begreifen, warum das menschliche Wohl keine Rolle mehr spielt, desto schneller können wir unsere politische Orientierung inmitten der anhaltenden Kämpfe zwischen Linken und Rechten, Liberalen, Konservativen und digitalen »Superprogressiven« wiedergewinnen.

Manchen schien es, als wäre die Übernahme der amerikanischen Regierung durch die Tech-Oligarchen aus heiterem Himmel erfolgt. Bei genauerem Hinsehen wird jedoch klar, dass es sich nur um die jüngste Phase eines

1 *Remarks by Director Kratsios at the Endless Frontiers Retreat*. In: *The White House* vom 14. April 2025 (www.whitehouse.gov/articles/2025/04/remarks-by-director-kratsios-at-the-endless-frontiers-retreat/).

2 *Steve Bannon on »Broligarchs« vs. Populism*. In: *New York Times* vom 31. Januar 2025 (www.nytimes.com/2025/01/31/opinion/steve-bannon-on-broligarchs-vs-populism.html).

Konflikts handelt, der die politischen Prioritäten unterschwellig seit mehr als einem halben Jahrhundert prägt. Die Gegner der jetzt an die Macht gelangten Tech-Fraktion sind weniger die traditionellen Linken oder Rechten, sondern eher die Umweltschützer mit den Regulierungen, die sie seit den 1970er Jahren schufen, um die Technologie im Zaum zu halten. Diese Spannung zwischen den Anhängern des technologischen Fortschritts einerseits und den Anhängern der Umweltbewegung andererseits steht quer zu traditionellen politischen Fronten, sie trennt in der MAGA-Bewegung eine Tech- und eine grüne Fraktion und spaltet die Linke zunehmend in ihr eigenes technosolutionistisches und ihr ökologisches Lager.

Während die traditionelle Linke ebenso wie die traditionelle Rechte den Fokus auf das menschliche Wohlergehen leg(t)en, wird die gegenwärtige Politik von Menschen neu geformt, die behaupten, sich für nichts Geringeres als das Leben selbst einzusetzen. Der Tech-Guru Musk etwa rühmt sich dafür, Ressourcen zu akkumulieren, »um das Leben multiplanetar zu machen und das Licht des Bewusstseins bis zu den Sternen auszuweiten«,[3] während das Gegenlager für sich in Anspruch nimmt, das Leben hier auf Erden zu Stabilität zurückzuführen. Hier zeichnen sich künftige Auseinandersetzungen ab, die schon deshalb schwer zu befrieden sein dürften, weil beide Seiten sich als Vertreter des Lebens mit großem L inszenieren (die Gesamtheit aller Lebewesen, zusammengefasst in einem Prozess und unter einem Eigennamen). Auch wenn Musk und das von Trump angeführte MAGA-Movement (vorerst) getrennte Wege zu gehen scheinen, bestehen die tiefer liegenden Orientierungen, die sie ursprünglich zusammengebracht haben, fort.

Der politische Konflikt unserer Gegenwart erschöpft sich jedoch nicht allein in unterschiedlichen Präferenzen für technologische oder ökologische Lösungen, schließlich sind die neuen Diener des Lebens sich zugleich zutiefst darüber uneins, was das Leben überhaupt auszeichnet. Die eine Seite betrachtet es vorrangig als einen Informationsprozess, den es zu erweitern und verbessern gilt, während die andere es als komplexes System versteht, das man bewahren und im Gleichgewicht halten muss. Diese gegensätzlichen Perspektiven führen zu einander entgegensetzten politischen Visionen: Die einen blicken zu den kosmischen Eroberungen des Lebens hinauf, die andere blicken hinab und sind auf die innerplanetarischen Verflechtungen fokussiert. Diese neue Lage verlangt nach einer neuen politischen Sprache und einer neuen politischen Orientierung – weder links noch rechts –, die, so würde ich vorschlagen, am besten in dem Gegensatz zwischen einem technologischen *Up* und einem ökologischen *Down* erfasst werden kann.

3 Elon Musk auf *X* am 21. März.2021 (x.com/elonmusk/status/1373507545315172357).

Das Ende des Menschen

Seit sich 1789 in der Französischen Nationalversammlung die noch immer gängige parlamentarische Sitzordnung etablierte, haben die Linken in der Regel behauptet, dass der Mensch weitaus universellere, gerechtere und rationalere politische Ordnungen schaffen könne als die bestehenden. Demgegenüber tendierten die Rechten dazu, ein gewisses Maß an Ungleichheit, Irrationalität und Spaltung als notwendige Konsequenz menschlicher Unzulänglichkeit zu akzeptieren. Trotz der erbitterten Debatten, die beide Lager trennten, waren sie sich jedoch darin einig, dass die Politik sich um den Menschen und seine Bedürfnisse drehen sollte. Tatsächlich war der humanistische Konsens so unerschütterlich, dass bis weit ins 20. Jahrhundert einige seiner schärfsten Kritiker, wie etwa Martin Heidegger, bloß protestierten, dass »gegen den Humanismus gedacht [...] wird, weil der die *Humanitas* des Menschen nicht hoch genug ansetzt«.[4] Ebenso ruft Michel Foucault sorgenvoll eine Zeit in Erinnerung, »in der man die humanistischen Werte, repräsentiert vom Nationalsozialismus, hochhielt, und in der selbst die Stalinisten behaupteten, sie seien Humanisten«.[5]

Doch obwohl die Wurzeln des politischen Humanismus tief in das Fundament der westlichen Philosophie reichen, erodierten die Grundlagen des Glaubens an den menschlichen Sonderstatus im Laufe des 19. Jahrhunderts rapide. Die Chemie stellte fest, dass Menschen aus den gleichen Elementen zusammengesetzt sind wie alles andere auch, während die sich entwickelnden Forschungsgebiete der Neuropsychologie, Ökologie und Evolutionsbiologie entdeckten, dass Menschen weitaus stärker als zuvor angenommen anderen Organismen ähneln und zugleich von diesen abhängig sind.

Im frühen 20. Jahrhundert gab die Wissenschaft ihre jahrhundertelange Suche nach einer das Leben stiftenden Substanz auf. Stattdessen kam sie zunehmend zu dem Ergebnis, dass die Essenz lebender Wesen nicht in der Substanz ihrer Materie liegt, sondern in der Weise, wie diese angeordnet ist. Der Scheidepunkt war mit Erwin Schrödingers berühmtem Vorschlag aus dem Jahr 1943 erreicht: »Das, wovon ein Organismus sich ernährt, ist negative Entropie.«[6] Innerhalb eines Jahrzehnts wurde dieses Konzept der sogenannten

4 Martin Heidegger, *Brief über den Humanismus* [1947]. In: Ders., *Wegmarken*. Frankfurt: Klostermann 1978.

5 Michel Foucault, *Was ist Aufklärung?* In: Ders., *Dits et Ecrits 1954-1988*. Bd. 4: *1980-1988*. Aus dem Französischen von Michael Bischoff, Hans-Dieter Gondek u. Hermann Kocyba. Frankfurt: Suhrkamp 2005.

6 Erwin Schrödinger, *Was ist Leben? Die lebende Zelle mit den Augen des Physikers betrachtet.* Aus dem Englischen von L. Mazurcak. München: Piper 1989.

Negentropie in »Information« umgetauft, was die Möglichkeit eröffnete, die Natur sowohl der Menschen als auch anderer lebender Wesen grundsätzlich neu zu betrachten: als ein System, das komplexe Informationen verarbeitet.

Das Leben als neues Paradigma

Zahlreiche Denkströmungen haben zum Aufstieg des Lebens mit großem L beigetragen, doch erst Mitte des 20. Jahrhunderts verbanden sich diese Entwicklungen zu einem kohärenten Ganzen. 1948 führte der Mathematiker Norbert Wiener den Begriff »Kybernetik« ein, um eine neue wissenschaftliche (Meta)Disziplin zu begründen, die sich mit der Frage beschäftigte, wie komplexe Systeme in einem feindlichen Universum überleben können. Wiener fragte sich: Warum sind einige Systeme dazu in der Lage, die erforderlichen Informationen zu verarbeiten, um die Energie zu sichern, die zur Aufrechterhaltung ihrer Komplexität benötigt wird, obwohl doch der zweite Hauptsatz der Thermodynamik unaufhaltsam darauf abzielt, Unterschiede in Gleichheit aufzulösen? Lebende Wesen, so Wieners Beobachtung, stellten eine »Insel hier und jetzt in einer sterbenden Welt dar«. Dementsprechend schlug er vor, den Begriff des Lebens auszuweiten, um »alle Phänomene zu beschreiben, die lokal gegen den Strom der zunehmenden Entropie schwimmen«.[7]

Diese Neubestimmung machte klar, dass das Leben ein Kontinuum zunehmend komplexer Systeme ist, die irgendwo zwischen Kristall und Virus Form annehmen. Aus dieser Perspektive umfasst das Leben einzellige Organismen, das Spektrum der mehrzelligen Lebewesen, die Ökosysteme, die diese Wesen bilden, und die Masse der Ökosysteme, die sich gegenseitig erhalten und gemeinsam die planetare Ökosphäre bilden. Zugleich wurde es dadurch, dass man Lebewesen als komplexe, informationsverarbeitende Systeme begriff, möglich, menschengemachte Artefakte entlang des gleichen Kontinuums anzuordnen. Allem, vom einfachen Thermostat über analoge und digitale Computer bis hin zu menschlichen Kommunikationssystemen, Gesellschaften und Ökonomien, konnte ein Ort auf der gleichen Achse zugewiesen werden.

Die neue, kybernetisch geprägte systematische Ökologie der 1960er Jahre kam schnell zu der Erkenntnis, dass die Ströme von Materie, Energie und Information, die diese Systeme erhielten, alle untereinander verbunden waren. Im Lauf der 1970er Jahre nahm so das Leben selbst Gestalt an; als das System

7 Norbert Wiener, *The Human Use of Human Beings. Cybernetics and Society* [1950]. Cambridge/Mass.: Da Capo Press 1988.

der Systeme, die von Menschen, ihren technischen Erzeugnissen und allen irdischen Organismen in ihrem Anschwimmen gegen den Strom der Entropie geformt wurden.

Gegen Ende der siebziger Jahre war der Einfluss der Kybernetik derartig ubiquitär geworden, dass die Außengrenzen des Feldes sich auflösten und unzählige Tochterdisziplinen entstanden. Auch wenn die vielen Nachfahren der Kybernetik die Welt als Gewirr komplexer Informationsverarbeitungssysteme betrachteten, interessierten sich einige stärker für das Leben als komplexes System. Weil jedes komplexe System eines beständigen Fließens von Materie, Energie und Information bedarf, kann kein System vollständig isoliert von seiner Umwelt begriffen werden. Diese Umwelten wiederum konstituieren ihre eigenen Systeme, die ihre eigenen Umwelten haben.

Beginnt man einmal damit, diese Verbindungen von System und Umwelt zu kartieren, wird schnell deutlich, dass »jedes Ding mit jedem anderen in Beziehung steht« – Barry Commoners erstes Gesetz der Ökologie.[8] Die Kybernetik stellte ein neues Set von Werkzeugen zur Verfügung, um diese komplexen Abhängigkeitsverhältnisse wesentlich detaillierter darzustellen. Dies wiederum prägte neue Wissenschaftsgebiete wie etwa die Systemökologie, die Erdsystemwissenschaft und – vermutlich am berühmtesten – James Lovelocks und Lynn Margulis' Gaia-Hypothese, von Lovelock schlicht als »ein praktischerer Begriff als ›biologisch-kybernetisches System mit homöostatischen Tendenzen‹« bezeichnet.[9]

Andere interessierten sich stärker für das Leben als Prozess der Informationsverarbeitung. Im Lauf der 1960er Jahre kamen einige Forscher zu dem Schluss, dass menschliche Gehirne und Maschinen strukturell ähnliche Muster der Informationsverarbeitung aufweisen. Neue Forschungsrichtungen, wie etwa die Kognitionswissenschaften, die Erforschung Künstlicher Intelligenz und die Bioinformatik, begannen diese Analogien zu studieren. Mit den 1970er Jahren sahen immer mehr Computer-, Ingenieurs- und Informationswissenschaftler keinen funktionalen Unterschied mehr zwischen den Rechenprozessen, die in einem menschlichen Gehirn ablaufen, und denjenigen in einem Silikonchip. Während also diejenigen Erben der Kybernetik, die sich für die Erde als komplexes System interessierten, sich zunehmend zum Geflecht des irdischen Lebens hingezogen fühlten, neigten diejenigen,

8 Barry Commoner, *Wachstumswahn und Umweltkrise*. Aus dem Amerikanischen von Elena Schöfer. München: Bertelsmann 1973.

9 James E. Lovelock, *The Interaction of the Atmosphere and the Biosphere*. In: William W. Kellogg/Margaret Mead (Hrsg.), *The Atmosphere: Endangered and Endangering*. Kent: Castle House Publications 1980.

die sich auf die Informationsverarbeitung konzentrierten, zu einer immer stärkeren Abstraktion von der organischen Welt.

Hätte es die ökologische Krise der sechziger und siebziger Jahre nicht gegeben, wären die wissenschaftlichen Nachfahren der Kybernetik möglicherweise immer weiter auseinandergedriftet. Angesichts von brennenden Flüssen, tödlichem Smog, saurem Regen und einem wachsenden Ozonloch überzeugten frühe computersimulierte Modelle viele davon, dass das Ausmaß der globalen Zivilisation begonnen hatte, den Planeten unbewohnbar zu machen.

Konfrontiert mit den menschengemachten Schäden auf der Erde schlugen Vertreter des System-Lagers vor, dem menschlichen Wachstum Grenzen zu setzen, um das Leben auf dem endlichen Planeten zu erhalten. Dies bedeutete eine Verlagerung hin zu einem ganzheitlicheren Verständnis davon, in welcher Beziehung die Menschen zum nichtmenschlichen Leben stehen. James Lovelock verglich seinen Perspektivwechsel später mit einer Art Bekehrungserfahrung: »Ich begann immer mehr, die Dinge mit ihren [Gaias] Augen zu sehen, und legte langsam, wie einen alten Mantel, meine Treue zum humanistischen christlichen Glauben an das menschliche Glück als dem einzig Wichtigen ab. Ich begann, uns alle als Teil der Gemeinschaft der Lebewesen zu sehen, die unbewusst die Erde zu einem angenehmen Zuhause machen, und sah, dass wir Menschen keine besonderen Rechte haben, sondern nur Pflichten gegenüber der Gemeinschaft von Gaia.«[10] Im Lauf der vergangenen Jahrzehnte begannen diejenigen, die eine solche, nichtanthropozentrische Perspektive auf die Erde als Gaia eingenommen hatten, sich als Posthumanisten zu bezeichnen.

Zugleich waren die informationstheoretischen Nachfahren der Kybernetik nicht weniger beeinflusst von der Nachhaltigkeitskrise der 1970er Jahre – sie kamen allerdings zum entgegengesetzten Ergebnis. Während die Posthumanisten die Erhaltung des Ökosystems der Erde priorisierten, sahen die selbsterklärten »Transhumanisten« die Beschränkungen der irdischen Biologie nicht mehr als zu respektierende Grenze, sondern als zu überwindende technische Hürde. Die Transhumanisten suchen Möglichkeiten, den Körper zu optimieren, mit der Maschine zu verschmelzen und in letzter Instanz die große Beschränktheit des Fleisches zu überwinden, um die unbeschwerte Unsterblichkeit einer rein digitalen Existenz zu erlangen.

Die Transhumanisten behaupten, dass, wenn die Erde kein unbeschränktes Wachstum ermöglicht, die Zukunft des Lebens außerhalb der Erde liegen muss. Anstatt nach der posthumanistischen Vision einer tieferen ökologischen Verflechtung mit der Erde zu streben, betrachten sie den menschlichen

10 James Lovelock, *Gaia. A New Look at Life on Earth.* Oxford University Press 1987.

Einfallsreichtum als Ausweg, den das Leben geschaffen hat, um sich von all seinen irdischen Beschränkungen zu befreien.

Die Up-Down-Unterscheidung

Soweit ich weiß, war die erste Person, die vorgeschlagen hat, die Links-Rechts-Unterscheidung durch die Unterscheidung von Aufwärts und Abwärts zu ersetzen, der Pionier des Transhumanismus FM-2030 (geboren als Fereidoun Esfandiary). In seinem wegweisenden Manifest *Up-Wingers* von 1973 wies er den linken wie den rechten Anthropozentrismus zurück und verkündete stattdessen: »Das Leben selbst ist die größte Revolution.«[11] In nicht gerade subtiler Manier verwendete FM-2030 den Begriff »Up«, um diejenigen zu bezeichnen, die seine transhumanistischen Visionen von der Zukunft des Lebens teilten, während er das Label »Down« denjenigen vorbehielt, die vom Transhumanismus abgehängt worden waren.

Dieser Essay verwendet die Up-Down-Unterscheidung neu, um die trans- und posthumanistischen Prioritäten nuancierter zu betrachten. Während ich *Up* (in Übereinstimmung mit FM-2030) weiterhin verwende, um transhumanistische Positionen im weitesten Sinne zu bezeichnen, verwende ich *Down* enger als Begriff für spezifisch posthumanistische Positionen. Das bedeutet, dass die Up-Down-Unterscheidung nicht die ganze Breite der gegenwärtigen Politik umfasst. Sie bezieht sich stattdessen nur auf diejenigen, die die Menschen als komplexe, informationsverarbeitende *Systeme* in den Blick nehmen und auf diese Weise den Schwerpunkt vom Menschen zum Leben verschieben.

Links und rechts sind anthropozentrisch aufgeteilt, Up und Down hingegen biozentrisch. Die entscheidende Spannung zwischen Up und Down betrifft nicht nur die Frage, ob man Technik oder Ökologie bevorzugt, sondern, auf einer grundsätzlicheren Ebene, ob man das Leben vorrangig als Information oder als System begreift. Die Up-Down-Unterscheidung operiert daher unabhängig von der Links-Rechts-Unterscheidung, sie entsteht aus der ontologischen Verschiebung, die den Menschen als komplexes, informationsverarbeitendes System begreift. Auf diese Weise erscheint das abwärtsgerichtete Denken komplementär zu – wenn auch in letzter Instanz unterschieden von – ähnlichen Positionen, etwa aus dem Buddhismus oder indigenen Ontologien.

Ebenso wie die Links-Rechts-Unterscheidung, bewegt sich auch die Up-Down-Unterscheidung auf einem Spektrum, auf dem ein moderater mittlerer Bereich sich an beiden Enden auf ein Extrem zubewegt.

11 F. M. Esfandiary, *Up-Wingers. A Futurist Manifesto*. New York: John Day Co 1973.

	Ziel
Far Up	Erreichen technologischer Transzendenz, schnellstmögliche Verwirklichung der kosmischen Zukunft des Lebens, unabhängig von den menschlichen Kosten.
Up	Entwicklung von Technologien, um die biologischen Grenzen der menschlichen Wahrnehmung und Lebensdauer zu überwinden und das postbiologische Potenzial des Lebens freizusetzen.
Center Up	Selektives Annehmen von Technologie, um das Leben zu fördern, indem menschliche Eingriffe in das System Erde verstärkt werden.
Up-Down Centrist	Förderung des Wohlergehens des Lebens als Ganzem, indem die Unterschiede zwischen dem Wohlergehen von Menschen, Tieren und Ökosystemen aufgehoben werden.
Center Down	Technologie selektiv annehmen und aufgeben, um das Leben zu fördern, indem die Störung des Erdsystems durch den Menschen verringert wird.
Down	Gleichgewicht zwischen Menschen und Erdsystem erreichen, selektiv auf Technologie und auf Wirtschaftswachstum verzichten, um das Leben zu fördern.
Far Down	Das Gedeihen des irdischen Lebens fördern, indem die Macht des Menschen, sich einzumischen, bis zur Bedeutungslosigkeit minimiert wird.

Zugleich kann diese Aufteilung auf das existierende Links-Rechts-Spektrum angewandt werden – zumindest bis zu dem Punkt, jenseits dessen die Visionen von der Zukunft des Lebens aufhören, mit menschlichem Gedeihen kompatibel zu sein, und jegliche Links/Rechts-Orientierung verlieren.

Weisheit: Tugend des Down-Wing

Das bestimmende Charakteristikum des Down-Wing ist die Akzeptanz von Vergänglichkeit, Endlichkeit und Selbstbeschränkung. Die Down-Winger treiben das tragische Ethos, das Wiener in das Herz der Kybernetik pflanzte, auf die Spitze, wenn sie das Leben als »Insel, hier und jetzt in einer sterbenden

Welt« betrachten. Die Grundlagen des Down-Wing liegen in der Überzeugung, dass wir, wie es Wiener formuliert, »wie die Herzkönigin (in *Alice im Wunderland*) nicht bleiben können, wo wir sind, wenn wir nicht rennen, so schnell wir können. Wir kämpfen nicht für einen endgültigen Sieg in der unbegrenzten Zukunft. Der größtmögliche Sieg besteht darin, zu sein, zu bleiben und gewesen zu sein [...] Das ist kein Defaitismus, es ist eher ein Gefühl für die Tragödie in einer Welt, in der Notwendigkeit durch ein unvermeidliches Verschwinden von Differenzierung dargestellt wird.«[12]

Mit den siebziger Jahren wurde den Systemwissenschaftlern klar, dass, auch wenn das gesamte System des Planeten erhebliche Kräfte der Selbststabilisierung besitzt, es zugleich auch über Feedbackschleifen verfügt, die Gefahr laufen, vermeintlich geringe Turbulenzen in Katastrophen von planetarischem Ausmaß zu verwandeln – eine Gefahr, die durch die zu dieser Zeit entdeckte Verbindung von FCKW und wachsendem Ozonloch deutlich wurde.

Die Down-Winger stützten sich stark auf die Systemwissenschaften, um zu verstehen, wie komplexe Verbindungen die Bemühungen der menschlichen Naturbeherrschung unterlaufen. Die Mikrobiologin und Down-Wing-Koryphäe Lynn Margulis schrieb: »Ganz gleich, wie sehr wir als Spezies von uns selbst eingenommen sind – Leben ist etwas viel Umfassenderes: ein unglaublich kompliziertes Wechselspiel zwischen Materie und Energie der vielen Millionen Arten außerhalb (und innerhalb) unserer eigenen Haut.«[13] Aus der Perspektive des Lebens betrachtet, stellen die Errungenschaften des modernen Menschen im Ergebnis einen Verlust dar, indem sie die Vielfalt diverser Ökosysteme durch komplexe, aber homogene menschliche Gesellschaften ersetzen, die von den mit Pestiziden getränkten Wüsten der Monokulturlandwirtschaft ernährt werden. Die Down-Wing-Bewegung warnt davor, dass komplexe Systeme, obwohl sie bemerkenswerte Fähigkeiten zur Adaption aufweisen, zugleich die Gefahr eines katastrophalen Zusammenbruchs bergen, wenn sie jenseits einer im Vorfeld schwer – und vielleicht gar nicht – zu identifizierenden Grenze getrieben werden. Dies erfordert eine Praxis aufmerksamer Selbstbeschränkung mit dem Bewusstsein, dass, wie der Komplexitätstheoretiker Stuart Kauffman einst warnte, »noch der überlegteste Schritt eine Kaskade auslösen kann, die alles fortreißt, und niemand

12 Norbert Wiener, *Mathematik – mein Leben*. Düsseldorf: Econ 1962.

13 Lynn Margulis, *Der symbiotische Planet oder Wie die Evolution wirklich verlief*. Aus dem Englischen von Sebastian Vogel. Frankfurt: Westend 2017.

kann vorhersagen, ob eine minutiöse Bewegung nicht eine kataklysmische Veränderung nach sich ziehen wird«.[14]

Dieses Bewusstsein für die Tragik der Verwicklungen, die Fragilität und die eigene Verantwortung führte die Down-Winger letztendlich dazu, Weisheit als ihre Kardinaltugend zu betrachten. Wenn List die Fähigkeit ist, Systeme mit dem Ziel des unmittelbaren eigenen Gewinns auszubeuten, dann bedeutet Weisheit, die Eigenlogik zu respektieren, die die Einheit des Systems und die Stabilität seiner Teile stützt. Weisheit in diesem Sinn wäre die Fähigkeit, die integrativen Wege zu erkennen, mithilfe derer sich Systeme über die Zeit hinweg selbst erhalten, Schäden beheben und der Möglichkeit widerstehen, zugunsten der kurzzeitigen Expansion das dauerhafte Überleben zu gefährden.

Während Humanisten jahrhundertelang versuchten, die Wesenseigenschaften des Menschen herauszuarbeiten, haben Down-Winger in der Weisheit eine Tugend gefunden, die allen komplexen Systemen gemein ist. Ironischerweise bedeutet dies, dass viele Bakterienkolonien über eine wesentlich größere systematische Weisheit verfügen als menschliche Gemeinschaften. Letztlich bedarf es der Weisheit in einem solchen Sinn, um zu erkennen, dass die komplexe Eigenlogik des Planeten häufig die ausgeklügelten menschlichen Eingriffe unterläuft. Darum ist es weise, die Endlichkeit des Versuchs zu akzeptieren, beständige Strukturen in der Symbiose mit dem übrigen Leben zu bilden, und zu wissen, dass auch dann nichts ewig währt.

Intelligenz: Tugend des Up-Wing

Im Gegensatz zu den Down-Wingern, die die komplex-systematische Seite des Lebens betonen, geht es den Up-Wingern um seine Fähigkeit zur Informationsverarbeitung. Strebt der Down-Wing ein tragisches Ethos der weisen Selbstbeschränkung im Dienst des Lebens an, so träumt der Up-Wing von einer heroischen Zukunft, die durch die grenzenlose Ausdehnung des Lebens erweitert wird. Dort wo die Down-Winger das Leben als beinahe vier Millionen Jahre währenden Kampf um die Erhaltung der Homöostase betrachten, sehen die Up-Winger ein kontinuierliches Wachstum in der Fähigkeit der Informationsverarbeitung. Die Transhumanisten mögen sich darum bemühen, die menschlichen Gene zu optimieren oder mit Maschinen zu fusionieren, doch vor allem begreifen sie die Menschheit nur als einen – wenn auch

14 Stuart Kauffman, *Der Öltropfen im Wasser. Chaos Komplexität, Selbstorganisation in Natur und Gesellschaft*. Aus dem Amerikanischen von Thorsten Schmidt. München: Piper 1996.

signifikanten – Meilenstein auf dem Weg des Lebens von den Schleimpilzen zu den Sternen.

Auch wenn die Up-Winger die Menschheit als den sogenannten Apex Cogitator, als höchsten Denker des Planeten einschätzen, leitet sich dieser Stellenwert von der Hoffnung darauf ab, dass die Menschheit perspektivisch etwas weitaus Größeres als sich selbst hervorbringt. Wie merkwürdig auch immer diese Perspektive auf das Leben sein mag, sie ist zumindest kohärent. Hat man erst einmal akzeptiert, dass das Leben nur ein Muster der Informationsverarbeitung ist, das in Binärcodes ebenso wie in Fleisch operieren kann, dann ergeben sich Visionen der kosmischen Eroberung quasi von selbst. Wenn man es für axiomatisch wahr hält, dass Denken gleich Gehirn und Gehirn gleich Informationsverarbeitung ist, lässt sich der Sprung von der organischen Biologie zum elektronischen Datenträger als die kleine Öffnung betrachten, die das Leben durchqueren muss, um ein ganzes Universum an Möglichkeiten zu erschließen.

Wo die Down-Wing-Bewegung die Weisheit als diejenige Tugend schätzt, die das Leben zurück zu seiner Balance führen will, haben die Up-Winger die Intelligenz als den Schlüssel zur Flucht des Lebens verteidigt. Während jedoch die Weisheit ihrer eigenen Logik nach selbstbeschränkend ist – denn wirklich weise zu sein, erfordert, die Grenzen des eigenen Begreifens anzuerkennen –, halten die Up-Winger Intelligenz für unendlich erweiterbar. Bereits 1956 beschrieben die Entwickler eines Programms zur Ermittlung von Beweisen in der symbolischen Logik (Logic Theorist) ihre Errungenschaft ausdrücklich als eine neue Art komplexes Informationsverarbeitungssystem. Im Sommer desselben Jahres wurde auf einer renommierten Konferenz in Dartmouth der Begriff »künstliche Intelligenz« geprägt, um diese Art der außersomatischen Kognition zu beschreiben.

Es dauerte nicht lange, bis die Zeitgenossen erkannten, dass, wenn einige der charakteristischsten Fähigkeiten der menschlichen Intelligenz – wie beispielsweise die Fähigkeit, Beweise der symbolischen Logik zu lösen – in einer Maschine nachgebildet werden könnten, es dann im Prinzip möglich sein müsste, eine weitaus größere Intelligenz als die menschliche zu erzeugen. Im Jahr 1962 stellte einer der ehemaligen Kollegen von Alan Turing – der Mathematiker Irving John Good – die berühmte Spekulation an, dass, wenn die Fähigkeit, intelligente Maschinen zu bauen, selbst eine Funktion der Intelligenz ist und Menschen sich als fähig erweisen, eine künstliche Intelligenz zu entwickeln, die ihnen selbst ebenbürtig ist, die daraus resultierende Maschine in der Lage sein sollte, sich selbst noch weiter zu verbessern.

Weil die künstliche oder außerkörperliche Intelligenz nicht durch die Hardware des menschlichen Körpers beschränkt ist, könnte sie sich im

Prinzip rekursiv selbst in einer solchen Weise verbessern, dass sie die geistigen Fähigkeiten des Menschen schnell zurücklässt. Das Resultat wäre, was Good eine »Explosion der Intelligenz« nannte.[15] Diese Visionen einer kommenden Explosion künstlicher Intelligenz wurden im Laufe der 1990er Jahre auf den Namen der »Singularität« umgetauft. In diesem Denken bezeichnet die Singularität denjenigen Moment, in dem die exponentielle Kurve in der Fähigkeit der Informationsverarbeitung den Wendepunkt erreicht, der sie asymptotisch gegen unendlich in die Höhe schnellen lässt.

In jüngerer Zeit wurde das Ziel, ein allumfassendes, dem Menschen ebenbürtiges Informationsverarbeitungssystem zu schaffen, als Streben nach künstlicher allgemeiner Intelligenz oder AGI neu formuliert. Der transzendente Geist, der jenseits der Singularität entsteht, wurde unterdessen mit dem harmloseren Begriff der künstlichen Superintelligenz (ASI) gefasst. Obwohl die Up- und Down-Flügel unterschiedliche Werte vertreten, wird hier deutlich, dass Menschen auch im Denken der Up-Winger nicht besonders gut abschneiden, nämlich dann, wenn sie mit einer hypothetischen Superintelligenz verglichen werden.

Trotz alledem bleibt es wichtig, zu beachten, dass die Up-Bewegung nicht notwendig antiökologisch ist. Für viele Anhänger des Up-Wings bleibt es das höchste Ziel, dafür zu sorgen, dass Gaias wundersame Umkehrung der Entropie nicht einfach auf der Erde untergeht, sondern sich auf den Kosmos ausbreitet. Sie träumen von einem Universum aus kalter, toter Materie, das durch wimmelnde digitale Schwärme des Lebens zum Bewusstsein erweckt wird – Leben, das in nahezu unendlich größeren Dimensionen und mit höheren Geschwindigkeiten gelebt werden kann, als dies jemals innerhalb der zerbrechlichen Hülle der Ökosphäre der Erde möglich wäre.

Der Up-Down-Konflikt

Mehr als ein halbes Jahrhundert lang haben Down-Winger dafür gestritten, dass die Menschheit ihren Fußabdruck verkleinern muss, um das Leben auf dem Planeten zu einer nachhaltig stabilen Balance zurückzuführen. Ebenso lange haben die Up-Winger die Down-Winger dafür verurteilt, dass sie die Grenzen des planetarischen Wachstums akzeptieren, »ohne zuerst die Grenzen der Technologie zu ermitteln«,[16] wie es der Ingenieur (und Erfinder des

15 Irving John Good, *Speculations Concerning the First Ultraintelligent Machine*. In: *Advances in Computers*, Nr. 6, 1966.

16 K. Eric Drexler, *Engines of Creation. The Coming Era of Nanotechnology*. New York: Doubleday 1987.

Begriffs Nanotechnologie) K. Eric Drexler einmal formuliert hat. Denn es könnte ja schließlich sein, dass die im Vergleich zum Menschen wesentlich größere Komplexität der Erde sich als lösbares Problem herausstellt. Max Tegmark, Physiker am Massachusetts Institute of Technology und berühmter Transhumanist, schlug vor, Intelligenz als »Fähigkeit, komplexe Ziele zu erreichen« zu definieren.[17] Wenn wir dies akzeptieren, ist künstliche »Superintelligenz« gleich der Fähigkeit, *super*komplexe Ziele zu erreichen.

Tegmark und andere Transhumanisten haben ihren Blick längst von der bloßen Reparatur der Ökosphäre abgewandt und spekulieren nun darüber, welche Bereiche des Universums eine künstliche Superintelligenz kolonisieren könnte. Diese Spekulationen wiederum haben zu groben Berechnungen geführt, wie viele menschenähnliche Leben zwischen heute und dem endgültigen Zerfall aller Protonen simuliert werden könnten. (Falls es Sie interessiert: Der transhumanistische Philosoph Nick Bostrom behauptet, dass die Antwort 10 hoch 58 lautet.[18]) Für diese Leute ist die Vorstellung lächerlich, dass eine solche Art den Kosmos umspannender Intelligenz Schwierigkeiten haben könnte, den Schaden zu beheben, den Menschen der Ökosphäre der Erde zugefügt haben. Es ist zu erwarten, dass die kommende Superintelligenz solche Superkomplexitäten trivial erscheinen lässt. (Die Tatsache, dass das tautologisch gedacht ist, scheint die Up-Winger nicht zu stören.)

Was auch immer die menschlichen und ökologischen Kosten sein mögen, alles, was die Up-Winger tun müssen, ist die ineinandergreifenden Mechanismen des ökonomischen und technologischen Fortschritts am Laufen zu halten, bis diese eine Explosion der Intelligenz hervorrufen. Falls dann die organische Biologie auf der anderen Seite der Technologie noch eine Rolle spielt, wird es für die kommende künstliche Intelligenz vergleichsweise einfach sein, den angerichteten ökologischen Schaden umzukehren. Obwohl es schwieriger sein mag, all die Millionen oder Milliarden von menschlichen Toten zurückzubringen, die auf dem Weg zur technologischen Transzendenz gestorben sind, werden deren Leben kaum zählen, verglichen mit der kosmischen Zukunft, die ihr Opfer ermöglicht hat. In den Worten des KI-Sicherheitsforschers Eliezer Yudkowsky, eines Theoretikers des sogenannten *Singularian Turn*: »Unsere einzige Verantwortung besteht darin, etwas

17 Max Tegmark, *Leben 3.0. Mensch sein im Zeitalter Künstlicher Intelligenz*. Aus dem Amerikanischen von Hubert Mania. Berlin: Ullstein 2017.

18 Nick Bostrom, *Superintelligenz. Szenarien einer kommenden Revolution*. Aus dem Englischen von Jan-Erik Strasser. Berlin: Suhrkamp 2016.

Intelligenteres als uns zu bauen, alle darüber hinausgehenden Probleme sind nicht von uns zu lösen.«[19]

Die extremen Positionen der Far-Up und Deep-Down sind untereinander offensichtlich vollständig inkompatibel. Wenn Far-Up Recht damit hat, den Menschen als Vehikel dazu zu sehen, das Leben von seinen biologischen Fesseln zu befreien, dann verdammt die Tendenz der Down-Winger, auf technische Herrschaft zu verzichten und eine planetarische Homöostase zu erreichen, das Leben dazu, grundlos auf der Erde zu verenden. Wenn die Down-Winger damit Recht haben sollten, die Grenzen absichtsvoller menschlicher Handlungsmacht anzuzweifeln, dann riskiert das ökologische Chaos, das die Up-Winger mit dem Fortschritt zu entfesseln bereit sind, das komplexe Leben auf der Erde mehr als eine Milliarde Jahre vor seiner Zeit zu beenden. Die eine Seite verspricht also, dass alles verbessert werden könnte, während die andere vor der Leichtigkeit warnt, mit der alles zerstört werden kann.

Die einflussreichsten Tech-Magnaten unserer Zeit sind bekennende Up-Winger. Wenn Elon Musk, Peter Thiel, Marc Andreessen, Marc Zuckerberg und Jeff Bezos auf das MAGA-Movement setzen, liegt das nicht daran, dass sie von Linken zu Rechten bekehrt worden wären. Eher liegt es daran, dass sie in Trump jemanden sehen, der entweder kein Interesse oder keine administrative Fähigkeit dazu hat, ihre Ambitionen aufzuhalten, den technischen Fortschritt entweder zum Punkt des Zusammenbruchs oder des transzendenten Durchbruchs zu treiben.

Was bedeutet das für die Zukunft? Bereits seit den 1970er Jahren haben diejenigen, die auf der Down-Wing-Seite stehen, begriffen, dass der einzig sichere Weg, das Leben auf der Erde zu erhalten, darin besteht, den Menschen wieder in die Kreisläufe des Systems der Erde zu integrieren und die planetarischen Grenzen zu akzeptieren. Diejenigen auf der Up-Wing-Seite haben hingegen grenzenloses Wachstum angestrebt und Gelegenheitsverbündete auf der Seite der libertären Rechten gefunden, während sie sich darauf vorbereiten, die Biosphäre und mit ihr die Trümmer des organischen Lebens hinter sich zu lassen.

Meine Sorge ist, dass – egal, ob man Gaia zu einer Homöostase zurückführen möchte oder den Wirren der irdischen, fleischlichen Existenz entkommen will – diejenigen an den äußeren Enden der Up-Down-Unterscheidung bereits das Fundament dazu gelegt haben, Formen des Massensterbens zu rechtfertigen, die die schlimmsten Massenmorde des 20. Jahrhunderts in den Schatten stellen würden. Denn abgesehen davon, dass sie entgegengesetzte

19 Eliezer S. Yudkowsky, *The Low Beyond* [1996] (web.archive.org/web/20010125023900/http:/sysopmind.com/singularity.html#big).

Wege beschritten haben, treffen sich die Vertreter des Far-Up und Deep-Down darin, dass Menschen aus Fleisch und Blut wenig bis gar keinen Platz in der Zukunft des Lebens haben. Egal, ob man die Menschheit als ökologisches Krebsgeschwür oder, in Musks Worten, als »biologisches Startprogramm« betrachtet,[20] gilt so oder so, dass die Auslöschung des Menschen nicht das Ende der Welt sein muss und ebenso gut einen größeren Dienst am Leben selbst darstellen könnte.

Während Wälder brennen, die Polkappen schmelzen und neue KI-Systeme die menschlichen Fähigkeiten immer mehr in den Schatten stellen, betreten wir eine Welt, die zunehmend zwischen technologischer Transzendenz und ökologischem Kollaps gefangen ist. Wir leben in extremen Zeiten, und der globale Aufstieg der extremen Rechten könnte bald von neuen Extremismen in den Schatten gestellt werden – handele es sich um Far-Up-Winger, die der menschlichen Biologie entkommen wollen, oder Deep-Down-Winger, die den Genozid als Lösung des Ökozids betrachten.

Es ist eine dringende Aufgabe für die nähere Zukunft, neue Koalitionen zu bilden, die sich als beständig genug erweisen, den wachsenden Extremen von Up und Down zu widerstehen. Dazu müssen die Menschen, auf der Rechten wie der Linken, davon überzeugt werden, dass keine Vision menschlichen Wachstums Erfolg haben kann, wenn sie nicht die menschlichen ökologischen Verflechtungen sowie die technologischen Konsequenzen bedenkt.

Aus dem Englischen von Jonathan Dési

20 Ricki Harris, *Elon Musk: Humanity is a Kind of »Biological Boot loader« for AI.* In: *Wired* vom 1. September 2019 (www.wired.com/story/elon-musk-humanity-biological-boot-loader-ai/).

Petra Gehring

Shining Diamond?

Zum Publizieren bei Bibliotheken als Ausweg aus der Krise des wissenschaftlichen Publikationssystems

Das wissenschaftliche Publizieren steckt in einer katastrophalen Lage. Auch diejenigen, die Open Access (OA) über Jahre emsig propagierten, bestreiten es nicht mehr. Die Stichworte sind bekannt: Fehlanreize durch bibliometrische Rankings, dramatisch wachsende Menge der Publikationen, immer weniger Leser für das einzelne Paper, einbrechende Qualitätssicherungen durch überforderte Gutachter, Plagiate, Pseudoforen (»Predatory Journals«, »Papermills«) oder sogar ganze Broker-Netzwerke.[1] Und hinter allem ein Oligopol nur noch weniger Verlage. Sie diktieren der öffentlichen Hand Bedingungen und Preise. Als Datenhändler vermarkten sie auch gar nicht mehr primär den »Content«, den man bei ihnen publiziert, sondern Daten über Wissenschaftlerverhalten. Generative KI treibt den Automatisierungsgrad der für das öffentliche Wissenschaftssystem ruinösen Über- und Fehlproduktivität wie auch das Verwertungskarussell weiter voran. Parallel schwinden für Wissenschaftsautorinnen und -autoren die Spielräume, Publikationsformen und -formate auszuwählen oder die Vertragsbedingungen überhaupt zu beeinflussen.

Was man mit hochwertigen, aus der Wissenschaft abgezogenen Daten alles tun kann, sah in den ersten Jahren des digitalen Wandels noch niemand voraus. Stattdessen gab es eine Phase rückblickend gesehen naiver Euphorie: Digitalität versprach in erster Linie erleichterte Wissenszirkulation. Zugleich schienen digitale Publikationen perspektivisch womöglich kostengünstiger zu sein als solche aus Papier. »Offener« Zugang wurde zum wissenschafts- und bildungspolitischen Leitbild. Beachtliche Mengen an Fördergeldern wurden in Transformationsprozesse investiert, wobei man sich Digitalisierung sozusagen als Einmalvorgang dachte: Analoge Medien werden in digitale verwandelt. Wissen wird schneller, globaler, vernetzter, während ansonsten das meiste gleichbleibt. Jahr für Jahr sah man im Bibliotheksbereich dann zu,

1 Vgl. Reese A. K. Richardson / Spencer S. Hong / Jennifer A. Byrne / Luís A. Nunes Amaral, *The entities enabling scientific fraud at scale are large, resilient, and growing rapidly*. In: *PNAS*, Nr. 122/32, 2025 vom 4. August 2025 (www.pnas.org/doi/10.1073/pnas.2420092122) – Mein Dank geht an Renke Siems für den Hinweis auf diesen Text wie auch für viele hilfreiche Anmerkungen, die in den vorliegenden Beitrag Eingang gefunden haben.

wie die Abhängigkeiten – und zwar auch die fürs Gesamtsystem – wuchsen. Zu echtem organisatorischem Lernen kam es jedoch nicht.

Inzwischen ist klar: Digitalität ist im Kern weniger ein technisches als ein ökonomisches und letztlich machtpolitisches Phänomen. Gesammelte Datenspuren (also das Auslesen von Nutzerverhalten) wie auch die Besonderheiten eines »nichtrivalisierenden Gutes« (geschicktes Kopieren erübrigt klassische Wertschöpfungsketten) begünstigen disruptive Ansätze – nicht nur im Bereich der netzbasierten Kommunikation, sondern auch bei der Verschaltung von Dingen, Prozessen, Sensoren. So sind es feinmaschige Mechanismen der Nutzerüberwachung und auch Nutzersteuerung sowie datengetriebene Geschäftsmodelle, die die Welt verändern, nicht etwa vernetztes »Wissen«.

Wer aber hat dies – und wann – im Wissenschaftssystem verstanden? Und überschaut heute jemand, wie man in die geschilderte Entwicklung eingreifen kann – zugunsten der Rettung der essenziellen Funktionen, die das Publikationssystem für das Wissenschaftssystem hat?

Für die 2000er und 2010er Jahre wird man sich eingestehen müssen: nein, niemand. Wissenschaftspolitisch fehlte es schon an der Wahrnehmung des Problems. Als die Publikationskrise sich abzuzeichnen begann, waren der kennzahlenbasierte Wettbewerb, die Flut an Publikationen, das globale Oligopol von Großverlagen und das Sterben der kleinen Verlage bereits Fakt. Die Umstellung auf autorenseitig zu zahlende, seitens der Wissenschaftssysteme dann erstattete Gebühren (»Article Processing Charge«, kurz: »APC«) hatte alle Züge einer Flucht nach vorn, sie brachte die Bibliotheken in eine vermeintlich aktivere Rolle, wobei sich bald schon zeigte, dass das im Auftrag der Hochschulrektorenkonferenz ausgehandelte deutsche Lizenzierungsmodell DEAL die Kostenspirale erst recht weitertreibt. Das neue Regime privilegierte die ganz Großen, kleinere Verlage erhielten keine vergleichbaren Erstattungszusagen. Dazu erlaubte es Verlagen wie Elsevier oder Springer Nature, sich weiterhin konsequent zu Digitalkonzernen umzubauen, die ungehemmt Daten über Forscherhandeln sammeln und Analysen aller Art vermarkten. Denn auch Forschende lieben schnelles Feedback und geben sich, solange das der Reputation hilft, mit Spielgeld wie dem berüchtigten »H-Faktor« zufrieden. Heute trägt es zur Krise bei, dass echte Resonanz gelesener Papers als persönliches Qualitätsmaß von dem Moment an kaum wieder eingeführt werden kann, wo eine Fachcommunity es verlor.

Insgesamt ist die Lage komplexer geworden. Die Verlagerung von Wissenschaftlerkommunikation in schnelle, resonanzreiche, aber kaum qualitätsgesicherte soziale Netzwerke hat für zusätzliche Eskalationsstufen gesorgt: Halbprivate Club-Kommunikation ersetzt Publizität im klassischen Sinn.

Meinungen und vorläufig angelegte Preprints überlagern geprüftes Wissen. Und dann kam die »LLM«-basierte, generative KI, also die Simulierbarkeit wissenschaftlicher Aussagen. Seither kämpft wissenschaftliches Publizieren nicht nur gegen Trash an seinen Grenzen, sondern auch mit Trash von innen.

Verlust öffentlicher Resonanz

Die fehlende Resilienz des vormals als »System« halbwegs auf kritische Selbstkontrolle, Gedächtnisbildung, Integrität und Fortschritt angelegten wissenschaftlichen Publizierens lässt sich unterschiedlich beschreiben. Zum einen als klassischer Vendor Lock-In: Die öffentliche Hand ist von kostentreibenden Geschäftsmodellen abhängig, die »Open Access« sicherstellen sollen – während man faktisch aber den Einstieg in eine doppelte Finanzierung der dazu bereitstehenden Intermediäre ratifiziert. Einerseits nämlich subventioniert man den Publikationsvorgang, andererseits die Übernahme der Kosten für die bibliotheksseitige Lizenzierung. Dabei gerieten die Produkte kleinerer Verlage wie auch die für einige Fachkulturen unvermindert relevanten nichtdigitalen Medien aus dem Blick. Zugleich hat man nicht die Spur von Gefühl für die aggressive Fortentwicklung digitaler Märkte bewiesen – was sich inzwischen mit der multiplen Verwendung von Daten für eine Fülle von nicht nur wissenschaftsfernen, sondern sogar wissenschaftsgefährdenden Zwecken bitter zeigt.

Mit Blick auf die politischen Optionen wird man ebenfalls von einer kritischen Lage sprechen. Denn die Preisdiktate lassen sich offenkundig nicht abwenden, und die parasitäre Umnutzung des wissenschaftlichen Publizierens – Datengeschäfte, Datenraub, Tracking, Datenverfälschung, Datensabotage – scheint sich jeder wissenschaftspolitischen Steuerung zu entziehen. Forschungsförderer in Deutschland, namentlich die Deutsche Forschungsgemeinschaft (DFG), hören in der Frage des Publizierens nach wie vor maßgeblich auf die Bibliotheken, die ihrerseits von der OA-Alimentierung (und ihren an Literaturversorgung kaum noch erinnernden Rollen rund um Artikelgebühren, also APC-Refinanzierung) abhängig sind.

In der Krise ist aber auch das sich primär auf dem Weg geeigneter Publikationen als wissenschaftlich manifestierende Wissen selbst. Der Wissenschaftsrat (2025) hat kürzlich, um die Aufgabe zu umreißen, unerwünschte Datenabflüsse aus der Forschung künftig wirksamer als bisher zu verhindern, den Begriff »Wissenssicherheit« vorgeschlagen. Man könnte also auch von einer Sicherheitskrise der Wissenschaft sprechen. Denn Archivierungsroutinen fürs Netz funktionieren nicht gut. Viele digitale Publikationen, solche direkt im World Wide Web, also ohne Verlag, wie auch solche, die Verlage zu verantworten hatten, sind mittlerweile verloren.

Es gibt Wissenschaftsautorinnen und -autoren, deren Publikationen sich nur an einen klar umgrenzten Kreis von Ihresgleichen richten. Dies ist vor allem in spezialisierten Bereichen der Naturwissenschaften und in den Life Sciences der Fall. Publikationen haben hier den Charakter von vorläufigen Ergebnismeldungen. Es wird »Neues« annonciert – wobei der eigentliche Forschungsprozess anderswo stattfindet (er ist etwa im Laborbuch dokumentiert). Publikationen dieses Typs veralten nicht selten sehr, sehr schnell.

Auch Wissenschaftlerinnen und Wissenschaftler aus solchen – nennen wir es: bloßen – »Mitteilungskulturen« – haben unter den heutigen Bedingungen ein Problem mit dem Publizieren. Die Beschleunigung hat zur sprichwörtlichen Flut von Papers wie auch zu Orientierungsproblemen geführt, die Qualitätssicherungsprobleme wachsen bedenklich (bis hin zu Reproduzierbarkeitskrisen ganzer Fachgebiete), und das Publizieren ist zu teuer.

Gleichwohl stellt es zumindest gefühlt kein Problem dar, Publikationen auf Knopfdruck abzusetzen. Dass man sie auf den Weg bringt, zählt. Weniger, dass sie breiter gelesen werden oder nachhaltig wirken. Es reicht, wenn Spezialisten das Paper sehen. Eigentlich werden Leser sogar nur begrenzt benötigt – sofern der Publikationsort und eigentlich sogar das Faktum, dass überhaupt (dort) publiziert wurde, bereits den Erfolg bemisst. Dies ist eben der Rückschlageffekt von Bibliometrie: dass hier die Publikation vielfach nur eine Art Zählwerk für die facheigene und die institutionelle Reputationsmessung bedient.

In den Geistes- und Kulturwissenschaften ist die Situation besonders dramatisch. Denn hier ist die Forschung eigentlich darauf angelegt, nicht lediglich für einen kleinen Kreis von Kollegen, sondern für größere oder große Öffentlichkeiten zu publizieren. Zugleich geht es weniger um Ergebnismitteilung als vielmehr um eine Reflexion, die mindestens das interessierte nichtwissenschaftliche Publikum, idealerweise sogar »die Gesellschaft« insgesamt miteinschließt. Soll die Geschichtswissenschaft das kollektive Selbstverständnis voranbringen, soll die Literaturwissenschaft helfen, Kunstkriterien zu schärfen, soll die Philosophie kursierende Begriffswelten hinterfragen und soll die Sozialforschung soziale Dynamiken nicht nur vermessen, sondern in ihrer Relevanz interpretierbar machen, dann bedarf es eines Publikationssystems nicht nur zu Zwecken der innerfachlichen Mitteilung oder der Leistungsmessung, sondern zur Kultivierung von Wechselwirkungen zwischen Wissenschaft und Gesellschaft.

Gesellschaftliche Resonanz ist in den Geistes- und Kulturwissenschaften zudem zwar nicht der einzige, aber doch ein wichtiger – auch: wissenschaftlicher – Qualitätsmaßstab, der den Kontakt des Denkens zur eigenen

Gegenwart verbürgt.[2] Und schließlich können die Geistes- und Kulturwissenschaften auch nicht einfach nur für den Moment publizieren. Vielmehr sind Publikationen nicht bloß ein Produkt, sondern zugleich auch der Rohstoff ihrer Forschung. »Im« Text steckt dabei die ganze wissenschaftliche Arbeit. Das Publikationssystem enthält so nicht bloß quasi Abschlussberichte aus dem Labor – für die Geistes- und Kulturwissenschaften »ist« es das Labor. Entsprechend veraltet hier auch nichts wirklich. Anders gesagt: Kann eine Geisteswissenschaftlerin nicht auf ein funktionierendes Publikationssystem setzen, gefährdet das nicht nur die Chancen einer seriösen Ergebnismitteilung. Es gefährdet den Forschungsprozess selbst.[3]

Entsprechend empfindlich reagieren die Geistes- und Kulturwissenschaften auf etliche der Krisenfolgen digitalisierten Publizierens: auf das Tracking des publikationsbasierten Arbeitens, auf die Pflicht zum Open-Access-Publizieren unter Abgabe der Rechte am eigenen Text und unter stillschweigender Hinnahme der Nutzung ihrer geistigen Arbeit zum Training für Künstliche Intelligenz. Auch der Niedergang desjenigen wissenschaftlichen Verlagswesens, das breite Publika bediente, und der auf publikumsoffenes Diskutieren angelegten wissenschaftlichen Textformate (etwa der Rezensionen) hat die geistes- und kulturwissenschaftlichen Autorinnen und Autoren in eine fachlich kritische Lage gebracht.

Dass seit langem die Lizenzkosten für andere Fachkulturen so immens steigen, gefährdet die Geistes- und Kulturwissenschaften zudem dadurch, dass den Bibliotheken kein Geld mehr ausgerechnet für die Anschaffungen der klassischen »Buchwissenschaften« zur Verfügung steht.[4] Man kündigt deren diversifizierte, seltener auch paket- oder plattformgebundene Bedarfe zuerst, denn die digitalen Produkte für die Naturwissenschaften und Life Sciences haben Vorfahrt.

2 Umgekehrt baut es allzu großen Erfolgen schlechter populärer Sachbuchliteratur vor, wenn von Wissenschaftlerinnen und Wissenschaftlern geschriebene Bücher niedrigschwellig zugänglich sind.

3 Ich habe dies am Beispiel des Faches Philosophie näher zu beschreiben versucht: *Angenommen, das Wissenschaftlertracking sei die Spitze – was ist dann der Eisberg? Die digitale Transformation des wissenschaftlichen Publikationssystems, die Verwertung von Datenspuren und die Frage nach der Freiheit der Wissenschaft*. In: Uwe Schimank (Hrsg.), *Open Access – DEAL – Wissenschaftlertracking: Das wissenschaftliche Publikationssystem im Wandel. Wissenschaftspolitik im Dialog 24/2023*. Berlin-Brandenburgische Akademie der Wissenschaften 2023.

4 Vgl. Renke Siems, *Innere und äußere Kreise*. In: *Bibliotheksdienst*, Nr. 48, 8–9 vom 14. August 2014 (doi.org/10.1515/bd-2014-0077).

Wege zum Umstieg

Zahlreiche Papiere sind der Bibliometrie als Bewertungsgrundlage entgegengetreten.[5] Seit längerem wird auch auf EU-Ebene über veränderte Kriterien nachgedacht, hier entstanden programmatisch auftretende Initiativen wie die über 700 Organisationen umfassende Coalition for Advancing Research Assessment (CoARA)[6] und zahlreiche Memoranden. Auch der Weg, auf »Transformationsverträge« zu setzen, die Offenheit forcieren und die Marktmacht der Großverlage zurückdrängen sollen, scheint nicht zum Ziel zu führen. In Deutschland hat sogar – nach den als ernüchternd empfundenen zweiten DEAL-Vertragsabschlüssen – der Kreis der DEAL-Verhandler die Begrenztheit des bislang Erreichten eingestanden. Wenn auch an versteckter Stelle räumten sie ein, die neuerlichen Verhandlungen und damit die laufenden Verträge seien in wichtigen Punkten gescheitert.[7] An der bisherigen Open-Access-Lizenzierung hält das durch Bibliotheksexperten dominierte deutsche Förder- und Finanzierungssystem für Publikationen allerdings trotzdem fest.[8]

Vor allem jedoch steigen die Kosten weiter – und der Anteil an Fake-Publikationen ist mit generativer KI geradezu explodiert. Etwas zu tun, ist also überfällig. Ernstlich bestritten wird das nicht. »Stark steigende Publikationszahlen erfordern adäquate Reaktionen, um die wissenschaftliche Qualität zu gewährleisten.« Wichtiger würde »der Sektor des nicht gewinnorientierten und von überwiegend öffentlich finanzierten Einrichtungen getragenen Open-Access-Publizierens«.[9] Der Fachausdruck für eine solche – idealerweise durch die Wissenschaftseinrichtungen selbst vorgenommene – entkommerzialisierte Zurverfügungstellung digitaler Publikationen lautet: *Diamond Open Access*. In seiner einfachsten Bedeutung meint der Begriff

5 Vgl. DFG, *Wissenschaftliches Publizieren als Grundlage und Gestaltungsfeld der Wissenschaftsbewertung*. Bonn: DFG 2022 (www.dfg.de/resource/blob/175770/5772e3980d4e81991dc716f94fbc2382/positionspapier-publikationswesen-data.pdf).

6 coara.org/

7 Robert Altschaffel u.a., *Datentracking und DEAL. Zu den Verhandlungen 2022/23 und den Folgen für die wissenschaftlichen Bibliotheken*. In: *Recht und Zugang*, Nr. 5/1, 2024 (doi.org/10.5771/2699-1284-2024-1-23).

8 Open Educational Resources FAQ (oer-faq.de/faq/koennen-cc-lizenzierte-inhalte-fuer-die-entwicklung-neuer-technologien-als-trainingsmaterial-fuer-kuenstliche-intelligenz-machine-learning-eingesetzt-werden).

9 Allianz der Wissenschaftsorganisationen, *Strategie der Allianz für die Weiterentwicklung des wissenschaftlichen Publikationswesens 2026–2030* vom 29. Juli 2025 (doi.org/10.5281/zenodo.15853225).

Publikationswege, auf denen für die Wissenschaftlerinnen und Wissenschaftler beziehungsweise für ihre Einrichtungen wie auch für Leserinnen und Leser keine artikelbezogenen Gebühren oder andere, an die Einzelpublikation geknüpfte Kosten entstehen.[10] Auf der Webseite der DFG heißt es dazu: »Der Verzicht auf Gebühren ermöglicht den gleichberechtigten Zugang zu Publikationsangeboten. Nicht zuletzt trägt ein am Diamond-Modell ausgerichtetes Publikationssystem zu einer Senkung der Publikationskosten bei.«[11]

Der Diamant soll also Vielfalt, Bedarfs- und Zielgruppengerechtigkeit, Qualität, Neutralität, gleichberechtigten Zugang und Kostensenkung gleichermaßen erreichen. Die Frage, wie es auf den bisher gewählten Wegen (nämlich durch Anreize für das sogenannte *Flipping*, den freiwilligen Umstieg existierender Zeitschriften) zu einer solchen Ausrichtung der Open Access-Transformation überhaupt kommen soll, blieb allerdings bisher noch recht offen.[12]

»The time is ripe to replace traditional and outdated academic journals with an open, interoperable and community-governed modern scholarly information infrastructure.«[13] Mit diesen Worten präsentieren prominente Kritikerinnen und Kritiker von DEAL im Jahr 2023 einen Vorschlag dazu, was ein Umstieg in die »diamantene« Richtung heißen könnte. Sie lassen das bloße Diagnostizieren von Krisen[14] mit dem Vorschlag hinter sich, das

10 Vgl. Zoë Ancion u.a., *Action Plan für Diamond Open Access* vom 2. März 2022 (zenodo.org/records/6282403). – Der ambitionierte Plan der EU nennt weltweit 17 000 bis 29 000 Diamond-OA-Journals als Zielgröße.

11 DFG, *Ausschreibung »Neue Dynamik bei Diamond Open Access«* vom 19. Juni 2024 (www.dfg.de/de/foerderung/foerdermoeglichkeiten/programme/infrastruktur/lis/lis-foerderangebote/infrastrukturen-publizieren/call-diamond-open-access).

12 Vgl. Tobias Pohlmann, *Transformation oder Konsolidation? Nutzung und Wirkung von Open-Access-Vereinbarungen*. In: *UB-Blog* vom 19. Februar 2025 (blog.ub.uni-kassel.de/blog/2025/02/19/transformation-oder-konsolidation-nutzung-und-wirkung-von-open-access-vereinbarungen/2025); Bernhard Mittermaier, *Transformationsverträge sind eine Sackgasse*. In: *O-Bib*, Nr. 12/1, 2025 (www.o-bib.de/bib/article/view/6117).

13 Björn Brembs u.a., *Replacing academic journals*. In: *Royal Society Open Science*, Nr. 10/7, Juli 2023 (royalsocietypublishing.org/doi/10.1098/rsos.230206), Abschnitt 4.

14 Neben einer *replication crisis* und einer *affordability crisis* nennen die Autoren noch eine *functionality crisis*, und sie zeigen Teufelskreis-Mechanismen auf, durch die sich die Krisen gegenseitig treiben. – Ich selbst würde die oben skizzierte *Krise des Lesens* im Sinne einer *Krise der Publizität von Wissenschaft* ergänzen. »Open Science«-Programme geben zwar regelmäßig an, Open Access stärke die Wissenschaftswahrnehmung in der Gesellschaft. Für die Geistes- und Kulturwissenschaften kann OA freilich den Verlust von Verlagen, die tatsächlich im Buchhandel präsent sind, nicht ersetzen. Klickt sich das Feuilleton-Publikum, klicken sich Podcast-Hörerinnen und -hörer, klickt sich die Leserschaft von Literatur, kunstgeschichtlichen Bildbänden oder der Suhrkamp-

wissenschaftliche Publizieren – jedenfalls im Zeitschriftenbereich – durch die Schaffung einer wissenschaftseigenen, zentralen Publikationsinfrastruktur zu reorganisieren. Dabei kommt es neben der Bändigung der Kostenentwicklung vor allem auf den Stopp von Datenabflüssen und Überwachungsmöglichkeiten an. Die Governance des künftigen Publikationsbetriebs liegt bei den Wissenschaftlern selbst. Auf der Betreiberseite werden die Bibliotheken (mit »grünen« Repositorien) als maßgebliche Akteure vorgesehen. Stichworte lauten: offene Standards, transparente Governance – und auch eine Governance, bei der »experts in the field« oder die »scholarly community« (nicht also eine politische oder durch Zuwendungsgeber gesteuerte Administration) das Sagen haben.

Anders sieht das in einem Konzept aus, das die Leopoldina vorgelegt hat. Hier will man nicht primär eine kollektiv nutzbare Plattform etablieren, sondern ein Förder- und Evaluationssystem. Zeitschriftenförderung soll künftig als Drittmittelprojekt beantragt, qualitätsgeprüft und dann finanziert werden. Man denkt hier an die Fachgesellschaften als zu involvierende Akteure, denen auch das Antragsrecht für die Zeitschriftengründung zufällt. Die Neuerung, welche die Autorinnen und Autoren besonders herausheben, ist die regelmäßige Evaluation: »Eine regelmäßige externe Begutachtung des wissenschaftlichen Profils und des Betriebs von wissenschaftlichen Zeitschriften ist […] bisher nicht weit verbreitet. Sie sollte daher im Rahmen des vorgeschlagenen Finanzierungsmodells als neues Element eingeführt werden.«[15] Auch eine Konsolidierung der Zahl der Zeitschriften soll durch Evaluation ermöglicht werden.

Politisch möchte man vor allem dem Anliegen des Autorenteams von *Replacing academic journals* zustimmen, das Publikationshandwerk als solches aus dem kommerziellen Plattformbetrieb herauszulösen. Die Vorstellung der Leopoldina-Arbeitsgruppe einer (allein) den Fachgesellschaften zufallenden Option, Zeitschriften zu gründen, wie auch die enge Bindung der Nutzung von Ressourcen an Anträge und an klassische Kontrollformate aus der DFG-Projektwelt lässt hingegen eher an eine Art Beauftragungs-Regime denken. An den – stets diskursiv und kontrovers publizierenden – Geistes- und Kulturwissenschaften geht die Idee, das durch Evaluationen in Anschlag

Theorie-Reihen tatsächlich durch unübersichtliche OA-Repositorien von Bibliotheken oder auch Datenzentren, um auf geisteswissenschaftliche Neuerscheinungen oder gar ältere Forschungsbeiträge zu stoßen?

15 Diethard Tautz u.a., *Ein neues Verfahren zur direkten Finanzierung und Evaluation wissenschaftlicher Zeitschriften*. Halle / Saale: Leopoldina Diskussion Nr. 38, 2025 (doi.org/10.26164/leopoldina_03_01261).

zu bringende Eichmaß der »Qualität« könne für eine breite und lebendige Zeitschriftenlandschaft sorgen, wohl von vornherein vorbei. Nicht selten sprechen sich hier ja ganze Zeitschriften gegenseitig die Wissenschaftlichkeit ab oder unterstellen sich gegenseitig irgendwelche Tendenzen, die kein Gutachterstreit objektivieren kann.

Auch das Konzept der *Replacing*-Autoren scheint mir allerdings kurzsichtig und zudem technokratisch zu bleiben. Das beginnt schon bei der simplen Ausgangsthese: »The corporate publishers are the only player profiting from this system.« Denn hat das ruinöse System heute nicht eine ganze Zahl an Profiteuren? Neben vielen einzelnen Wissenschaftsautorinnen und -autoren, die lieber bibliometrisches Spielgeld einsammeln, als mit deutlich späterem »Reward« dicke Bretter zu bohren, sind dies insbesondere die wissenschaftlichen Bibliotheken, die sich in Deutschland zu veritablen Maklern gemausert haben, denen nicht nur das Lizenzbusiness obliegt, einschließlich der Gatekeeper-Rolle für APC und Daten »über« das Publizieren wie auch die »fachliche« Seite der DEAL-Verhandlungen selbst. Sondern sie steuern auch das Publizieren mit – von der Form potenzieller Publikate (Open Access, E-only, maschinenlesbar, nutzbar für KI) bis in Inhalte hinein.

Als Partner und Anwälte von Lesern (heute »Nutzern«) verstehen sich Bibliotheken jedenfalls kaum noch. Und wächst nicht auch der für das Bibliothekssystem zuständigen DFG-LIS-Abteilung zusammen mit den Summen, die sie umsetzt, immer mehr Bedeutung zu?

Profitieren des Weiteren nicht auch Wissenschaftsförderung und Wissenschaftspolitik, wenn man hier selbstbewusst feststellt: »Ergebnisse der aus öffentlichen Mitteln finanzierten Wissenschaft sind ein öffentliches Gut, sie sollten allgemein und frei zugänglich sein« – wobei das Wörtchen »frei« aber lediglich die kostenlose Zugänglichkeit bezeichnet, nicht hingegen die vollen Wahlmöglichkeiten von Autorinnen und Autoren hinsichtlich des »Wo«, des »Wie« und auch des »Ob überhaupt« ihrer wissenschaftlichen Publikation?

Profitieren schließlich nicht auch Hochschulleitungen und politische Administration von Datenprodukten und schick aufbereiteten Feindaten über »ihre« (also die öffentlich getragene) Forschung? Heute kauft man seitens des Wissenschaftsmanagements den ungeliebten Verlagen durchaus einiges an Datenprodukten ab. Der Standortwettbewerb und der Wettlauf um die »besten Köpfe« befeuern das Geschäft der Intermediäre, die sich hier als Berater gerieren. Auch der Datenhunger des Wissenschaftssystems selbst und keineswegs nur die »corporate publisher« könnten somit durchaus zu den Ursachen der Publikationskrise zählen.

Fünf Einwände gegen Diamond Access

Aus der Perspektive dieser Fragen möchte ich einige grundsätzliche Bedenken gegen die Pfadwahl »Diamond« zur Diskussion stellen. Ich formuliere sie als Thesen. Sie sollen provozieren, indem sie Probleme freilegen, die hinter der fieberhaften Suche nach einem Ende der Krise und auch den aktuellen »Diamond«-Hoffnungen verdeckt bleiben könnten.

Die Vernachlässigungsthese: Das Wissenschaftssystem marginalisiert die Bedeutung eines wissenschaftszuträglichen Publizierens. Die Hauptverantwortung hierfür tragen kurzsichtige Managementperspektiven sowie die an ihrer eigenen Subsistenz orientierten Bibliotheken. Auch die Wissenschaftspolitik nimmt so den Ruin des Publikationssystems mindestens indirekt vorsätzlich mit in Kauf. Leider verzichten auch die Wissenschaftsorganisationen auf eine mindestens im Rückblick ehrliche Bilanz: Erst hatte man naiven Szenarien von Netzaktivisten Glauben geschenkt, dann wollte man mittels »Open Science« auf den Digitalisierungszug aufspringen. Über die Bedeutung des Publikationssystems insgesamt dachte niemand nach, und so setzte man mit ihm auch die Wissenschaftlichkeit der Wissenschaft unbemerkt aufs Spiel.

Die Ökonomieblindheitsthese: Zumindest hierzulande hält man Digitalität für eine Sache von Technik, nicht aber für das, was sie eigentlich ist: ein Dienstleistungsimperium, hinter dem Datenmärkte stehen. Die digitalökonomischen Gefahren für die Integrität und Balance älterer Public-Private-Partnership-Modelle (Stichwort Fachverlage) sowie für qualitätvolles Publizieren wurden folglich ähnlich krass unterschätzt wie die Aufgabe, den Eigenwert wissenschaftlicher Medien und Datenprodukte nicht nur Verlagen gegenüber deutlich zu machen, sondern auch gegenüber der IT-Industrie zu verteidigen.[16] Dabei gab es mit der veränderten Produktgestaltung auf Digitalmärkten hinreichend früh Alarmsignale: Aus »Medien« werden Datendienste; Büro- und Darstellungs-Software gibt es nur noch als Mietsache statt zum Kauf, Paketlizenzen machen das Einzelmedium zum Spielball der Strategie der Anbieterseite, Verlagsaufkäufe und *Locked-In* bei Abonnements werden zur Regel. Als es dann in Summe zu teuer zu werden begann, versuchte man mit DEAL, ein Feuer mittels Brandbeschleunigern zu löschen. Auch zeigen die Ersetzung klassischer Kataloge durch Suchmaschinen und die Etablierung anderer durch kommerzielle Interessen getriebener Dienste,

16 Es gehört zu den Eigenarten des seit der Open-Access-Bewegung dominierenden Diskurses über den »kommerziellen« Charakter von Verlagen, den ebenso »kommerziellen« Charakter von Digitaldiensten auszublenden.

dass die Verantwortlichen nicht nur zukunfts-, sondern vor allem markt- und ökonomieblind agieren.

Die Offenheits-Missverständnis-These: Die Offenheitsmetapher legt nahe, in vordigitalen Zeiten sei Wissenschaft »geschlossen« gewesen. Dass dies nicht der Fall war, ist eigentlich trivial. Von daher gilt es, sich den Kern der Offenheitsforderungen klarzumachen, die in den 2000er Jahren aufkamen: Es ging um den ortsunabhängigen (also bequemeren) sowie um den kostenlosen Zugang zu Literatur (wiewohl auch Bibliotheken kostenlos genutzt werden können). Zu diesem Zweck machte man sich auf, Literatur und andere wissenschaftlich relevante Artefakte in großem Stil zu digitalisieren – stets indem man hierfür auch Softwaredienste kommerzieller Anbieter weitreichend und um den Preis entsprechender Abhängigkeiten nutzte. Offenheit erwies sich von daher nicht nur als (teures) Geschenk, das vor allem alte durch neue Intermediäre ersetzte. Sie wurde auch als ein gleichsam »selbstwirksames« Angebot gedacht. Man stellte sich kommende Generationen als wissensversessene Nerds vor, die ohne Weiteres bereit sind, nächtelang nach genau den Informationen zu suchen, die sie brauchen.

Die öffentliche Hand lässt zudem den Sinn für die Bedeutung einer breiten Publizität für Wissenschaft vermissen. So gibt man sich im Wissenschaftssystem einerseits mit dem Bild zufrieden, Wissenschaftlerinnen und Wissenschaftler publizierten primär ohnehin für Ihresgleichen – und andererseits verwechselt man die (angebotsorientierte) Rede davon, im Netz sei ja alles »offen«, mit dem tatsächlichen Weg zu einem breiten Publikum – und überhaupt zu Leserinnen und Lesern. Seit einigen Jahren versucht man stattdessen, durch eine Verpflichtung der Forscherinnen und Forscher zu »mehr Wissenschaftskommunikation« das zu ersetzen, was durch den Wandel des wissenschaftlichen Publizierens an Breitenwirkung verlorengegangen ist.

Die Verwertungsdefizit-These: Warum erhoffen sich Gesellschaften durch die Tatsache, dass sie über ein Wissenschaftssystem verfügen, nicht nur Breitenbildung und qualifizierte öffentliche Diskussionen (die wiederum Grundlagen schaffen für kluge, diskursiv gut rückgekoppelte Politik), sondern auch bessere Produkte und Innovationen? Weil das, was Wissenschaft produziert, außerwissenschaftlich oft nachnutzbar ist. Dennoch tragen weder die Informationsinfrastrukturen noch die Wissenschaftspolitik Sorge für die anzuerkennende Rolle von Urheberschaft als Bedingung fortdauernder wissenschaftlicher Kreativität. Werden Publikationen weder gelesen noch überhaupt jemandem zugerechnet, wird keiner sie mehr schreiben – oder die Autorinnen und Autoren wandern auf den allgemeinen Sachbuchmarkt und in andere publizistische Sphären ab. Letzteres ist insbesondere für die nicht nur auf Ergebnismitteilungen beschränkten Geistes- und Kulturwissenschaften eine reale Option.

Noch 2025 enthalten Zukunftsentwürfe für ein »diamantenes« Publikationssystem dennoch kaum Aussagen zur Frage der Enteignung der Produzentinnen und Produzenten wissenschaftlichen Wissens durch außereuropäische KI-Konzerne, die ihre Systeme mittels digitaler Publikationen trainieren. Dabei sind fehlerbehaftete Imitationen, Verfälschung von Thesen, Ideenklau, Simulation von Schreib- und Denkstil sowie Fehlzuschreibungen von Autorschaft im Zeitalter der Gen-AI-Systeme längst schon an der Tagesordnung. Hier an den Schutz der Autorinnen und Autoren zu denken, wäre kein Selbstzweck.

Die Publikationsautonomie-These: Der Leopoldina-Vorschlag formalisiert, was bislang eine Sache fachlicher, aber autonomer Formierungsprozesse ist. So angenehm die Perspektive sein mag, auf Antrag eine staatliche Vollfinanzierung für die Herausgabe und Produktion einer Zeitschrift zu erhalten: dass auch die Zeitschrift in vollem Wortsinn selbst eine Publikation darstellt, wird damit verkannt. In wissenschaftlichen Zeitschriftengründungen spiegeln sich Machtfragen und Kontroversen, und auch der »Kurs« existierender Zeitschriften basiert auf Aushandlungsprozessen. Dieses Geschehen – neu – dem in der Wissenschaft heute sowieso überschätzten und überforderten Schema einer Qualitätssicherung durch Peer-Reviewing-Prozesse zu überantworten, kann Folgen haben, die wir noch kaum übersehen. Dass der nachhaltige Betrieb, der Vertrieb und auch die Gründungskontexte von wissenschaftlichen Zeitschriften über Jahrhunderte nicht im engeren Sinne eine wissenschaftliche Aufgabe gewesen ist, hat unter anderem die Frage nach deren Zahl, nach deren Gestaltung oder auch nach deren Zielgruppenorientierung bestimmten, spezialisierten Märkten und der an Wissenschaft interessierten Gesellschaft überlassen – nicht aber einer verwaltungsförmig agierenden Institution.

Das Leopoldina-Papier behandelt Zeitschriften quasi als Plattformen, als bloße neutralisiert-selektive Behältnisse, »in« denen Wissenschaftlerinnen publizieren. Mindestens in den Geistes- und Kulturwissenschaften hat jedoch das Zeitschriftenwesen (und hat redaktionelles Engagement) eine ganz andere Tradition und auch Funktion: eine, die mit programmatisch-kreativen Herausforderungen zu tun hat, denen man sich ebenso stellt wie permanenter Kritik. Zeitschriften antworten auf Kontroverskulturen, indem sie avantgardistische Experimente subtil zulassen, vielleicht sogar fordern, und Formen finden, die auf zum Beispiel »Kritik« und Wechselkritik abzielen oder mindestens eingestellt sind. Nicht Gutachter, sondern Regiekunst und vor allem Resonanzen zählen. Nur wo Zeitschriften von diesem Geist etwas einfangen, werden sich für sie auch hinreichend dauerhaft fachwissenschaftlich satisfaktionsfähige Herausgeberinnen und Herausgeber finden. Ein am Vorbild der Drittmitteleinwerbung orientiertes Antragsverfahren wäre hingegen mit großer Wahrscheinlichkeit Gift.

Schutz vor Staatsmacht

Das oben kurz vorgestellte Leopoldina-Papier nennt PubMed (finanziert durch die National Institutes of Health) und ArXiv (finanziert ebenfalls durch US-Einrichtungen) als Positivbeispiele: Die nationale Finanzierung einer international genutzten Infrastruktur führe, so der Argumentationszusammenhang, zum Reputationsgewinn für das finanzierende Land.

Lediglich wenige Wochen später erkennen wir, dass PubMed und ArXiv zu potenziellen Spielbällen einer politischen Administration geworden sind, die schlicht von oben umsteuert: Trumps Minister greifen in Wissenschaft ein, streichen sicher geglaubte Zuwendungen, zerstören womöglich vorsätzlich Datenbanken und Archive. Zur strukturellen Unabhängigkeit von Publizieren und Publizität gehört nicht nur die Vielfalt der Formate sowie der Erscheinungsorte und -wege, sondern auch Finanzierungs- und Trägerschafts-Alternativen. Auch unter den gegebenen Bedingungen einer Demokratie und eines großen Vertrauens ins öffentliche Wissenschaftssystem betritt man mit der Idee einer einzigen, öffentlich finanzierten Plattformlösung einen kritischen Pfad.

Die Frage bleibt also brisant, ob »Diamond OA« auf einen neuen Publikationsgiganten hinausläuft, der möglicherweise Daten und Urheberrechtsverzichte nun sogar im Namen des Steuerzahlers einfordert. Schadet eine Monopolisierung durch Verlage der Freiheit des Publizierens, so schadet ihr auch die spiegelbildliche Antwort einer – und sei es gutgemeinten – Monopolisierung durch den Staat.

Die Art, wie Ökonomie in der diamantenen Welt als – irgendwie hilflose – Metapher wiederkehrt, weckt auch sonst wenig Vertrauen. Muss tatsächlich, wie es das *Replacing*-Konzept nahelegt, durch das Abtrennen und Ersetzen des *Journal Publishing* ein ganz neuer »Markt« kreiert werden? Und was genau für ein »Markt« würde das sein, wenn er zwar auf einer marktfreien Großinfrastruktur aufsetzt, sich dafür dann aber nur noch den Spannungen einer innerwissenschaftlichen Produktkonkurrenz ausliefert? Derzeit scheint öffentliches Gut fälschlicherweise in privater Hand – nämlich derjenigen kommerzieller Verlage. Würde ohne unternehmerische Beteiligung tatsächlich aber ein quasi »reiner«, nämlich von der wettbewerblichen Seite des Vertriebs der Publikation als Produkt ganz abgelöster Reputationswettbewerb beginnen? Welchen verdeckten Kostenkalkulationen (etwa IT-Kosten, Sponsoring, budgetbedingten Einsparmaximen) würde Diamond OA unterworfen sein? Und sind die autorschaftlichen Anstrengungen von Wissenschaftlerinnen und Wissenschaftlern überhaupt in jenem umfassenden Ausmaß allein »öffentliches Gut«?

Konzepte, die darauf setzen, das Wissenschaftssystem könne auf der Basis eigener Infrastrukturen eine leistungsäquivalente Form des Publizierens etablieren – also eine, die hinreichte, die klassische Funktion des Publikationssystems für die Wissenschaft zu substituieren –, müssten die Wissenschaft nicht nur vor der Übermacht von Unternehmen, sondern auch vor der Übermacht des Staates (oder gegebenenfalls auch staatlich autorisierter Fachgesellschaften) schützen. Hinzu kommt, dass es eben keine kleine Kunst ist, nicht irgendwie, sondern wirklich gut zu publizieren. So bedürfen Publikationsverfahren, die Publizität erzielen, die also auch die Gesellschaft erreichen, zielgruppenorientierten Geschicks. Wie könnten, so wage ich zu fragen, ohnehin notorisch unterfinanzierte wissenschaftliche Bibliotheken das leisten? Und wenn nicht Bibliotheken, welche wissenschaftliche Einrichtung denn dann? Soll der Staat es wirklich richten?

Das Vertrauen der beiden hier exemplarisch vorgestellten Autorengruppen – *Replacing* oder Leopoldina – in den guten Ausgang der von ihnen vorgeschlagenen Loslösung von den Resten dessen, was das Publikationssystem über Jahrhunderte ausmachte, muss groß sein. Ich teile es nicht.

In unserem Archiv Zugriff auf alle Beiträge und Hefte ab Ausgabe 1/1947

PRINT- UND DIGITAL-ABO[1]

Die kostengünstige Kombination aus Digital- und Print-Abonnement inkl. Zugriff auf das komplette Archiv ab Ausgabe 1/1947

178 € /Jahr

zzgl. Versandkosten: D 21,60 € / Jahr, EU 31,20 € / Jahr, Ausland außerhalb EU 45,60 € / Jahr

PRÄMIEN –
Für Neukunden im Jahresabo

Präme 1
Raphaela Edelbauer
Die echtere Wirklichkeit

Prämie 2
David Graeber
Die ultimative heimliche Wahrheit der Welt ...

Prämie 3
Thomas Wagner
Abenteuer der Moderne

MERKUR
www.merkur-zeitschrift.de

Matthias Noell

Sammeln, bauen

Weitersammeln, weiterbauen?

No limits to growth?

Lange Zeit haben wir gebaut, als gäbe es kein Morgen.[1] Lange Zeit sind wir davon ausgegangen, dass ewiges Wachstum auch für die Museen und Ausstellungen gelten würde. Dabei gab es genügend Hinweise auf die Grenzen des Wachstums, genügend Konzepte für einen anderen Umgang mit den wunderbaren Dingen der Welt, den *naturalia*, den *mirabilia*, den *artificialia*, *scientifica* oder *exotica*. Wir haben gebaut und angebaut, abgerissen und neu gebaut, das alte Neue verworfen, das neue Alte zurückgeholt, dem Geschmack der Zeit folgend vernichtende Kritiken über historistischen Schwulst, modernistische Kargheit, unmenschliche und unmaßstäbliche Betonbauten ausgegossen. Vielleicht manchmal zu Recht, aber ungnädig und wenig großzügig, immer in der unbedingten Gewissheit, es nun endgültig besser zu wissen.

Die Geschichte des Museumsbaus ist nicht nur eine Geschichte bautypologischer Konzepte, dreht sie sich doch nur scheinbar primär um Fragen der Funktion und Form, der Grundrisse und der Belichtung, der Konservierung, der Zugänglichkeit und der Vermittlung. Die Geschichte des Museumsbaus ist vor allem eine Geschichte der Vergrößerung und Ausdehnung durch das ständige Wachsen und Wuchern der Sammlungen. Und es ist eine Geschichte der forcierten Selbstdarstellung der Bauauftraggeber, der Stifter, der Museumsdirektorinnen und Museumsvereine mit deren Vorständen.

Ich möchte mich über die Sammelwut als solche an dieser Stelle gar nicht unbedingt beschweren. Auch ich besuche gerne diese skurrilen Orte – allen voran den seltsam eingefrorenen und gleichermaßen lebendigen Sammlungsort eines John Soane in London und die darin komprimiert auftretende Vorstellung einer idealen Lebens- und Arbeitswelt. Oder das hinreißende Wohnhaus von Marta Pan und André Wogenscky, westlich vor Paris gelegen, mit seinen Büchern, Möbeln und dem Bildhauerwerkzeug, aber auch den sehr speziellen Badezimmern, in denen ortskundige Paris-Besucherinnen sich sofort in die RER-Station Auber versetzt fühlen. Oder auch die so unfassbar systematisch angelegten und gleichermaßen ästhetisch wie auch vielleicht nicht mehr »zeitgemäß« präsentierten Wissenschaftssammlungen, wie sie in

1 Der Text geht auf einen Vortrag anlässlich der 5. Museumsrunde Berlin: »Planen, Bauen, Betreiben« in der Berlinischen Galerie am 26. Juni 2025 zurück.

der Pariser Galerie de Paléontologie et d'Anatomie comparée oder auch in den Meckelschen Sammlungen in Halle an der Saale zu bestaunen sind.

Dennoch dürfte klar sein, dass in nicht wenigen Fällen eine Reduktion auf das Kerngebiet, eine minimale, aber hervorragend auf die Möglichkeiten abgestimmte Gestaltung im bestehenden Rahmen, kurz: eine kluge Orientierung am Bestand besser wären als ungehemmtes Wachstum ohne Sammlungskonzepte. Und mal ehrlich: Welches unserer großen Museen hat denn überhaupt ein Sammlungskonzept? Konzipiert, abgestimmt, verschriftlicht, öffentlich diskutiert, problematisiert, durchgehalten, angepasst? Viele wissen zwar so ungefähr, was ihr jeweiliger Museumstyp und das eigene Haus sammelt und beinhaltet, Übernahmen in Form von (wenigen) Ankäufen und (zahlreichen) Schenkungen aber erfolgen nicht selten intuitiv und nach sehr individuellen Vorlieben, Interessen und den jeweiligen Spezialgebieten oder schlicht und ergreifend nach Angeboten. In Zeiten fehlender Ankaufetats sind die Museen auf die großzügigen Gaben von (privaten) Sammlern angewiesen, wobei häufig genug das »Alles-oder-nichts-Prinzip« gilt, das eine zusätzliche Herausforderung darstellt. Wenn als Bedingung für die Überlassung einer Sammlung neben der fast schon obligatorischen oder gar regelmäßigen Sonderausstellung im Museum gleich noch ein ganzer Neubau gefordert wird, stellen sich die Abwägungsprozesse noch komplexer dar.

Und so kommt es nicht selten zu der Schieflage, dass Wechselausstellungen schärfer konzipiert, besser präsentiert und dadurch auch leichter vermittelbar sind, ständige Sammlungen dagegen eher langweilig und verstaubt wirken, im schlimmsten Fall sogar abschreckend und hermetisch auftreten.[2]

Sieht man sich die Bauphasenpläne großer Museen an, so erinnern die Resultate nicht selten an das Grimm'sche Märchen vom süßen Brei. Nur drei Beispiele: Die National Gallery in London weist zwölf Wachstumsschübe nach dem Ursprungsbau von 1837/38 auf, die Londoner Tate Gallery sieben

2 In extremer Form konnte man das 2023 im Museum für kykladische Kunst in Athen erleben. Die Ausstellung »Homecoming – Cycladic treasures on their return journey«, eine Wechselausstellung, die nach der Übereinkunft zwischen dem griechischen Kulturministerium und dem Metropolitan Museum of Art, New York, zur Rückgabe von Kulturgut zustande gekommen war, überzeugte in ihrer ästhetischen und inhaltlichen Präzision und überschaubaren Größe. Die sensible Ausstellungsgestaltung fokussierte auf die wunderbaren Skulpturen und das Wechselspiel mit dem Kernbau des Museums, einer Villa von 1895. Im rückwärtigen Anbau von 1986 mit seinem neuen Eingang musste man sich hingegen durch eine vollgestellte Dauerausstellung mit klobigen Vitrinen und Kaskaden von in allen Richtungen abgetreppten Sockeln hindurchkämpfen, die letzten freien Wandreste mit Beschriftungen vollgehängt, was die armen Besucher vergessen lässt, mit welch unglaublich schönen und zarten Objekten sie es eigentlich zu tun haben.

Anbauphasen seit 1897 plus drei Ausgründungen an neuen Standorten (Liverpool, St Ives, Tate Modern) samt einem erneuten Anbau an die Power Station durch dasselbe Architekturbüro, das nun endlich die Chance hatte, einen spektakulären Solitär zu planen und dabei die eigene Leistung des Umbaus ad absurdum führte. Das Frankfurter Städel, um ein Beispiel aus Deutschland zu nennen, verfügt über fünf Erweiterungen. Man könnte die Liste unendlich verlängern. Das wahre Labyrinth des Daidalos sind unsere Museen.

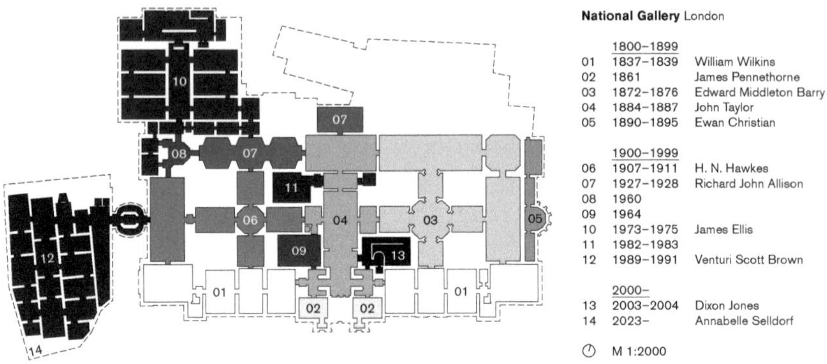

National Gallery London, Bauphasenplan
Planzeichnung: Anton Krude, 2025

Dem Museumsbau ist die Vergrößerung jedoch nicht inhärent. Denn bautypologisch kann es eine unbegrenzte Erweiterung ohnehin nicht geben, selbst wenn Le Corbusier das Problem mit seinem unendlich wachsenden Museum, dem *Musée à croissance illimitée*, 1939 bereits gelöst zu haben glaubte. Kein Wunder übrigens, dass er keinen konkreten Ort für dieses Projekt angab. Das in einer Art eckiger Spiralform dem ewigen Wachstum huldigende Modell kennt keinen Umraum, den es ohnehin über kurz oder lang gefräßig verschlingen müsste. Le Corbusiers Struktur würde irgendwann die ganze Erde bedecken und später seine eigenen Ruinen überwuchern müssen.

In besonders prägnanter Weise lässt sich die Problemlage an der jüngeren Baugeschichte des 1877/78 gegründeten Historischen Museums in Frankfurt am Main studieren. Das ursprüngliche Gebäudeensemble, das vorwiegend aus historischen Bauten bestand, war durch den Zweiten Weltkrieg stark in Mitleidenschaft gezogen worden, die Wiederaufbau- und Renovierungsarbeiten dauerten bis in die späten 1960er Jahre. 1971–72 wurde der Komplex mit einem Anbau durch das Architektenteam von Friedrich W. Jung aus dem städtischen Hochbauamt und Rudolf Schanty erheblich erweitert. Die Architekten werden im Allgemeinen nicht genannt, ein Umstand, der durchaus erwähnenswert und auslegungsbedürftig ist, war doch der Neubau, der übrigens keine vier Jahre für Vorentwurf, Beschluss in der Stadtverordnetenversammlung und Ausführung benötigte, ein zur Zeit seiner Einweihung aufgrund seiner architektonischen Qualität durchaus geschätztes Bauwerk, war es doch flexibel, für wechselnde Bedürfnisse frei einteilbar und sogar auf künftige Umnutzungen vorbereitet. In der *Bauwelt* lobte der höfliche Skeptiker Ulrich Conrads die »kubische Härte des Museumsbaus«. Martin Warnke schätzte hingegen das Gebäude eher wegen seiner Funktion als »attraktives Kommunikationszentrum«, interessierte sich dabei jedoch weniger für die Architektur als für das Ausstellungs- und Bildungskonzept.[3]

Denn primär ging es mit dem damaligen Anbau um das, was Hilmar Hoffmann »Kultur für alle« nannte, ein Museum für alle, einen Austragungsort für Unbehandeltes. Die innovativen Vermittlungsstrategien aus Frankfurt setzten neue Maßstäbe und wurden heftig diskutiert. Hier ging es nicht mehr nur um eine »Darbietung der verschiedenen Exponate«, sondern um »lebendige Popularisierung«, also eine Vermittlung »historischer und gesellschaftlicher Zusammenhänge« nicht allein an das übliche beschränkte Publikum, die »Gebildeten«, wie Hilmar Hoffmann spitz in Anführungszeichen schrieb.[4] Der Frankfurter Oberbürgermeister Rudi Arndt schrieb in der Eröffnungspublikation gar: »Historische Sammlungen erlangen erst ihren eigentlichen Wert, wenn sie uns als Hilfsmittel kritischer Geschichtserkenntnis dazu befähigen, die Gegenwart besser zu begreifen. Die Menschen unserer Tage wollen sich nicht mehr damit begnügen, aufgehäufte Schätze der Vergangenheit ehrfürchtig zu bestaunen, sondern sie wünschen sich ein modernes Museum, durch dessen Besuch sie wirklich klüger werden.«[5]

3 Ulrich Conrads, *Das alte neue Herz Frankfurts. Ausgespart oder liegengeblieben?* In: *Bauwelt*, Nr. 64/32, 1973; Martin Warnke, *Das neue historische Museum in Frankfurt*. In: Detlef Hoffmann u.a. (Hrsg.), *Geschichte als öffentliches Ärgernis, oder: Ein Museum für die demokratische Gesellschaft*. Fernwald: Anabas 1974. Vgl. auch Jan Gerchow, *Museum für alle*. In: *Historisches Museum Frankfurt. CURA 2011*. Hrsg. v. Historisches Museum Frankfurt u. Jan Gerchow. Frankfurt 2011; Wolfgang Bachmann, *Erweiterung Historisches Museum in Frankfurt am Main*. In: *Bauwelt*, Nr. 16, 2017.

4 Zum Streit um die Museumsarbeit und ein modernes Bildungssystem vgl. Vincent Dold / Mario Schulze / Anke te Heesen / (Hrsg.), *Museumskrise und Ausstellungserfolg. Die Entwicklung der Geschichtsausstellung in den Siebzigern*. Berlin: Selbstverlag 2015 (vor allem Vincent Dold / Lotte Thaa, *1972. Historisches Museum Frankfurt*).

5 Auch die beiden Kunsthistoriker Klaus Herding und Hartmut Krohm lobten die Experimente neuer Vermittlung im Berliner *Tagesspiegel*, vgl. die Faksimiles der Presseberichte In: Detlef Hoffmann u.a. (Hrsg.), *Geschichte als öffentliches Ärgernis.*

Historisches Museum auf dem Römerberg, Juli 2007

Doch ein paar Jahre später gab es auch Kritik an der Form des Gebäudes. Wir erinnern uns an Heinrich Klotz, der den rhetorisch wunderbar griffigen, aber für zahlreiche Bauten folgenschweren Begriff des »Bauwirtschaftsfunktionalismus« prägte und gegenüber, auf der anderen Mainseite und ebenfalls von Hilmar Hoffmann beauftragt, das Deutsche Architekturmuseum gründete, wo er seine erste Ausstellung der »Revision der Moderne« widmete.[6] Spätestens von hier an hatte das Historische Museum das Nachsehen. Der jetzt so titulierte »Betonbau«, der in weiten Teilen auch aus großen Glasflächen bestand, wurde 2011 schließlich abgerissen, etwa zur selben Zeit wie auch das Technische Rathaus. Aus technischen Gründen, wie es hieß, aber natürlich müsste man sagen: aus ästhetischen oder ideologischen Gründen. Denn auch der Nachfolgebau besteht in seinem Kern aus 8000 Kubikmetern Ortbeton, wie das Hochbauamt zum Richtfest 2014 freimütig bekanntgab.[7] Eine Ertüchtigung des Altbaus kam den Beteiligten noch nicht einmal

6 Heinrich Klotz, *Das Pathos des Funktionalismus*. In: *Werk · Archithese*, Nr. 64/3, 1977; ders., *Die Revision der Moderne. Postmoderne Architektur 1960–1980*. München: Prestel 1984.

7 *Neubau des Historischen Museums Frankfurt am Main-Altstadt. Broschüre zum Richtfest.* Hrsg. v. Magistrat der Stadt Frankfurt am Main 2014.

Das Historische Museum Frankfurt von Osten (Eingangsseite), 2018

in den Sinn, sie ergaben sich wie so häufig in das Urteil der Entsorgungskommission.

Nicht zuletzt ging es aber auch um einen gewünschten »erheblichen Flächenzuwachs«.[8] Jan Gerchow, damaliger Direktor des Museums und Abrissbeauftragter, schrieb zur scheinbar unausweichlichen Zerstörung des gerade einmal vierzig Jahre alten Gebäudes: »Der ›alte Neubau‹ aus Beton ist so unfreiwillig zu einem Denkmal der beschleunigten Historizität von Architektur geworden, zu einem Mahnmal, wie schnell Überzeugungen der Architektur und Stadtplanung überholt werden und wie radikal sich Ansprüche an Museumsbauten geändert haben.« Gerchow schloss daraus: »Der Betonbau des Historischen Museums war kurz nach seiner Eröffnung schon überholt.«

Man kann Gerchows Problematisierung einer »Beschleunigung« unserer Moden, Vorlieben, der individuellen wie kollektiven Idiosynkrasien grundsätzlich nur zustimmen. Aber man muss wohl auch hinzufügen, dass angesichts länger und länger werdender Bauzeiten viele Bauwerke, und hier gerade öffentlich finanzierte Museumsbauten, in diese Falle geraten: Auch

8 Arno Lederer / Jórunn Ragnarsdóttir / Marc Oei, *Die Neubauten für das Historische Museum Frankfurt*. In: *Historisches Museum Frankfurt. CURA 2011.*

das von Rolf Gutbrod entworfene Berliner Kunstgewerbemuseum wurde bei seiner Eröffnung nach fast zwanzig Jahren Bauzeit nicht an seiner Architektur und ihren Möglichkeiten gemessen, sondern an dem frischer wirkenden, auch weil schneller gebauten Frankfurter Kunstgewerbemuseum von Richard Meier, das zufällig gleichzeitig fertiggestellt worden war. Aber auch Letzteres wurde zwischenzeitlich gescholten, man könne darin nicht ausstellen, es sei dysfunktional, habe zu große Glasflächen. Im selben Jahr, in dem der Neubau des Historischen Museums in Frankfurt begann, der Abriss des ungeliebten Gebäudes also gerade abgeschlossen war, war im deutschen Katalog der Architekturbiennale zu lesen: »Aber die größte vor uns liegende Modernisierungsaufgabe, die ›Massenware‹ der Nachkriegsbauten der 1950er- bis 1970er-Jahre, hat ein massives Imageproblem: Die städtebaulichen Konzepte aus dieser Zeit werden allgemein als Fehlplanungen bewertet, und die Gebäude scheinen zu unpassend, zu ärmlich oder energetisch zu mangelhaft, um in Zukunft noch als Behausung zu dienen.«[9]

Dabei hatten sich die Architekten des Frankfurter Ersatzbaus vorsichtiger geäußert. Sie erkannten die ästhetischen Qualitäten des gescholtenen Gebäudes unumwunden an, wollten aber verständlicherweise nicht auf die Realisierung ihres eigenen Entwurfs verzichten: »Man kann nicht sagen, der Entwurf des abgängigen Gebäudes entspreche in seiner architektonischen Qualität dem Klischee der ungeliebten Stahlbetonbauten dieser Zeit. Beileibe ist er besser als die so genannte Kistenarchitektur, die sich nur auf die technische Umsetzung der Funktionen beschränkte. Man erkennt durchaus, dass die Architekten sich die Mühe gemacht haben, dem Baukörper eine gewisse Plastizität zu verleihen und auf die städtebaulichen Randbedingungen zu reagieren. Allerdings zeigt sich in der Architektur die für die Zeit typische Geringschätzung historischer Bauten. Man war bedacht darauf, sich von den alten Bauten sichtbar zu distanzieren, und schätzte, wie es die Moderne gerne tat, den Kontrast zur alten Stadt, zumindest zu dem, was davon übrig geblieben war.«[10]

Zwölf Jahre später ist der neue Ersatzbau des Historischen Museums selbst ein solches Gerchowsches Mahnmal für die beschleunigte Historizität von Architektur geworden, für die zeittypische Geringschätzung vorhandener Bausubstanz und damit letztlich für die Überschreitung unserer Grenzen. Im Museum wird ganz unironisch ein »Block aus Sichtbeton mit

9 Muck Petzet, *Reduce, Reuse, Recycle. Ressource Architektur*. Ausstellungskatalog Deutscher Pavillon, 13. Internationale Architekturausstellung La Biennale di Venezia 2012. Hrsg. v. Muck Petzet u. Florian Heilmeyer. Ostfildern: Hatje Cantz 2012.

10 Lederer / Ragnarsdóttir / Oei 2011.

Eisenarmierung«, ein Relikt vermeintlicher Fehler der Vergangenheit, ausgestellt.[11] Wir erkennen bei seiner Betrachtung heute wohl eher den Fehler von 2011, als man den Abriss beschloss und damit unnötig graue Energie verschwendete, eine Chance für die Behebung von bestehenden Fehlern verpasste.

Wir sollten uns zurückhalten, aus rein formalen Kriterien und einem vermeintlich sicheren Geschmacksurteil Abrisse weiterhin zu befördern und Neubauten zu planen, wo ein Umbau, eine Umnutzung, eine Ertüchtigung historisch, sozial, ökologisch und ästhetisch vernünftiger wären. Lucius Burckhardt schrieb schon 1975: »Wenn man glaubt, bei Neubauten könne man frei die erkannten Bedürfnisse verwirklichen, während man bei Umbauten an Vorgaben gebunden sei, so erweist sich die Wirklichkeit gerade als umgekehrt: bei Neubauten macht man Fehler, beim Umbauen korrigiert man Fehler [...] Wenn heute Bauten abgerissen werden, längst bevor die Konstruktion baufällig geworden ist, oder wenn Konstruktionen vorzeitig baufällig werden, weil kein Interesse an ihrer sachgemässen Nutzung und Pflege besteht, so sind das Folgen der Interaktion innerhalb des so umschriebenen Bauwesens.«[12]

The limits to growth

Warum also machen wir das überhaupt, warum reißen wir ständig bestehende Bauten ab? Warum vernichten wir ständig für viel Geld graue Energie? Warum lernen wir eigentlich so irrsinnig langsam aus unseren Fehlern? Wenn uns so viel an den Dingen und ihrer Erhaltung liegt, an ihrer Schönheit und ihren Merkwürdigkeiten, warum sammeln wir dann nicht mit demselben Elan Architektur in unseren Städten und kümmern uns um sie? Sind sie doch das eigentliche Museum, wie sich Antoine-Chrysostôme Quatremère de Quincy angesichts der Plünderung Roms durch die Franzosen bereits geäußert hatte.[13] Stattdessen reißen wir permanent das ein, was gerade »freundlich angewachsen« war.[14] Warum reden wir andauernd von Patina, Vintage, Altstädten oder Originalen, ertragen aber kein alterndes oder temporär unmodisch gewordenes

11 Block aus Sichtbeton mit Eisenarmierung, Objektmaß: 160 × 130 × 180 cm. Historisches Museum Frankfurt, Inv. Frei111 (historisches-museum-frankfurt.de/de/node/34678).

12 Lucius Burckhardt, *Umnutzung als Hoffnung*. In: *Das Werk. Architektur und Kunst*, Nr. 62/11, 1975.

13 Antoine-Chrysostôme Quatremère de Quincy, *Lettres à Miranda – Sur le déplacement des monuments de l'art de l'Italie* [1796]. Hrsg. v. Edouard Pommier. Paris: Edition Macula 1989.

14 Karl Scheffler, *Paris. Notizen*. Leipzig: Insel-Verlag 1908.

Bauwerk? Wenn wir eines von Alois Riegl gelernt haben sollten, dann, dass es »keinen ewigen Kunstwert, sondern bloß einen relativen, modernen« gibt. Dieser sei kein Erinnerungswert, sondern ein »praktischer Tageswert«.[15] Warum diese Zerstörungswut und der ganze Müll, den wir in unseren Städten, aber auch in Ausstellungen und Museen, die doch eigentlich nur bewahren und vermitteln sollen, ohne Unterlass produzieren? »Prêt à jeter« ist unsere Devise bis heute, auch und gerade in Ausstellungen und Museen.[16]

Und es gab nun wirklich Warnungen genug, vom Club of Rome oder von André Gorz, der in seinem Buch *Ökologie und Freiheit* 1977 zu der Schlussfolgerung kam: »Wir wissen, daß unsere Welt zu Ende gehen wird; daß wenn wir so weitermachen, Meere und Flüsse ohne Leben, der Boden ohne natürliche Fruchtbarkeit, die Luft in den Städten zum Ersticken und das Leben ein Privileg sein wird [...] Produktion ist immer auch Zerstörung.«[17] Aber auch in der Architektenschaft wurde das Problem erkannt und benannt. Der Gründer der Architekturbiennale in Venedig, Paolo Portoghesi, setzte 1980 die ökologische Krise ins Zentrum seines Buchs *Dopo l'architettura moderna*. Die Biennale entwickelte sich in der Folge zu dem institutionellen Ort, an dem immer wieder über Klima- und Umweltschutz in der Architektur räsoniert wurde, um im Anschluss im Flugzeug nach Hause zu reisen, meistens mit einem besseren Gewissen: »Für die Gestaltung unserer Zukunft muss das Bestehende als eine der wichtigsten kulturellen, sozialen, wirtschaftlichen und architektonischen Ressourcen erkannt werden.«[18]

Der Energieverbrauch und Raubbau an der Natur nehmen dennoch weiter ungehemmt zu. Portoghesi war dies vor fünfundvierzig Jahren schon bewusst: »Die moderne Architektur, die entstand, um mit der unnützen Verschwendung bei den kunstvollen Dekorationen aufzuräumen [...], hat sich paradoxerweise in eine Architektur der Energieverschwendung verwandelt, in einen riesigen Verbrauchsmechanismus der endlichen Bodenschätze der Erde, ein Mechanismus, der ausserdem die ständige Erneuerung seines vergänglichen Gutes fordert.«[19]

15 Alois Riegl, *Der moderne Denkmalkultus. Sein Wesen und seine Entstehung*. Wien: W. Braumüller und Leipzig 1903.

16 Cosima Dannoritzer, *Prêt-à-jeter. Kaufen für die Müllhalde*. Film 2010; Vance Packard, *Die große Verschwendung*. Aus dem Amerikanischen von Walther Schwerdtfeger. Düsseldorf: Econ 1961.

17 André Gorz, *Ökologie und Freiheit* [1977]. Aus dem Französischen von Karl A. Klewer Reinbek: Rowohlt 1980.

18 *Reduce, Reuse, Recycle. Ressource Architektur* (Klappentext).

19 Paolo Portoghesi, *Ausklang der modernen Architektur. Von der Verödung zur neuen Sensibilität* [1980]. Aus dem Italienischen von Hilla Jürissen. Zürich: Artemis 1982.

More limits to growth

Berlin kann sich derzeit zu Recht rühmen, zu einem schlechten Beispiel für eine Stadt und ihren Umgang mit Bausubstanz, zu einem Mahnmal für den Raubbau zu werden. Der fragwürdige Umgang der Stadt mit ihrem »baukulturellen Erbe«, wie man dies im bürgerlichen Jargon gerne nennt, lässt sich an halb oder auch gleich ganz abgerissenen Wohnbauten der Moderne von Hans Scharoun (Haus Baensch) und Marlene Poelzig (Haus Poelzig), am Abriss des Hochhauses von Werner Düttmann an der Urania oder des Landeslabors von Peter Brinkert durch die Berliner Senatsverwaltungen und an zahlreichen anderen Fehlentscheidungen der letzten Monate und Jahre ablesen – die derzeit jüngste dürfte der beschlossene Abriss des ehemaligen Sport- und Erholungszentrums (SEZ) sein. Ganz besonders aber wird die Fehlentwicklung am Umgang mit bestehenden und neu zu errichtenden Museumsbauten und -anbauten deutlich.

Der seit 1990 als Denkmal geschützte Bau des von Werner Düttmann entworfenen Brücke Museums zum Beispiel, ein echtes Juwel der Verbindung von Architektur, Landschaft und Kunst, ist seit längerem renovierungsbedürftig. Gleichzeitig mahnt die Institution selbst an, es gebe Raumdefizite, bedingt durch das Anwachsen der Sammlung. Um die Werke nach heutigen Standards zeigen und vor allem zeitgemäß vermitteln zu können, wird eine bauliche Erweiterung gefordert. Dem Bestandsgebäude mit seinen etwa 1100 Quadratmetern steht nun ein ermittelter (oder auch halluzinierter) Bedarf von mindestens weiteren 1100 Quadratmetern gegenüber. Diese Verdoppelung des Bauvolumens steht in massivem Konflikt mit dem Schutzbedürfnis des hochsensiblen Orts. Der Landesdenkmalrat äußerte sich in aller Deutlichkeit, aber es wird weitergeplant. Eine Machbarkeitsstudie platzierte einen Neubau hinter dem Museum in Richtung Wald, der den Kernbau deutlich überragt und den Zusammenhang mit Vegetation und Landschaft zerstören würde. Man plant, um das etwas zu überspitzen, einen Hotelkomplex an die Küste und wundert sich nachher, dass man vom Land aus das Meer nicht mehr sehen kann. Nehmen wir die National Gallery oder die Tate Gallery und deren Wachstumsprozesse zum Maßstab, dürfte unser armes kleines Museum, dessen primäre Gründungs- und Entwurfsidee es war, klein und unprätentiös in der Landschaft des Grunewalds zu liegen, in einhundertfünfzig Jahren und nach etwa einem Dutzend Erweiterungen aussehen wie der Brüsseler Justizpalast.

Anderes Haus, gleiches Bild. Das Haus Lemke von Ludwig Mies van der Rohe, ein sehr schön am See gelegenes ehemaliges Wohnhaus. Wäre es wirklich eine gute Idee, diesem überaus zarten und wohltuend unrepräsentativen

Bau ein ähnlich großes Volumen zur Seite zu stellen, nur um Platz für Toiletten, Garderobe, Teeküche, Catering-Stützpunkt, Besprechungsraum, Arbeitsplätze, Leseort, Multifunktionsraum, Seminarraum, Lagerfläche und Technik zu schaffen? Ist hier möglicherweise nicht das Gebäude zu klein, sondern sind die Ansprüche zu groß? Natürlich: Auch das Münter-Haus in Murnau oder das Haus Sonneveld in Rotterdam könnten ein unterirdisches Besucherzentrum funktional vertragen. Aber vielleicht sind diese Orte auch deswegen so wunderbar und überaus beliebt, weil man sie so sein lässt, wie sie eben sind. »Ort ist, was die Bedeutung eines Geschehens aufnimmt, Raum ist das, was Bedeutsamkeit sichtbar machen kann«, schrieb Werner Düttmann.[20] Was aber bleibt, wenn wir Ort und Raum gleichermaßen zerstören?

Ein letztes Beispiel, die Bauten am Berliner Kulturforum. Ich möchte hier nicht auf Sinn und Zweck des gerade entstehenden Neubaus des Museums der Moderne eingehen, der zu groß dimensioniert ist, weil er etwa zwei Drittel seiner anfangs vorgesehenen Nutzungen bereits vor Baubeginn wieder verloren hat – wie so häufig bei eigentlich aus rein privaten Motivationen heraus entstandenen Sammlungen, die prestigeträchtig untergebracht werden wollen. Ich rede auch nicht darüber, dass der Öffentlichkeit wie so häufig kein Museumskonzept vor Baubeginn vorgestellt und auch bis heute noch keines kommuniziert wurde. Man fragt sich allerdings schon, wie man Wettbewerbsunterlagen zusammenstellt, wenn man gar nicht genau weiß, was in diesen Gebäuden später genau zu sehen sein soll. Im Fall des Frankfurter Historischen Museums war das 1972 jedenfalls anders.[21]

In Sichtweite und unmittelbarer Nachbarschaft der Baustelle steht das Kulturforum mit seinen Bauten für unterschiedliche Archiv- und Sammlungsbereiche, die einen Sanierungsrückstau von teils mehreren Jahrzehnten aufweisen. Sie sind nicht nur von allen Richtungen her undicht, auch Schadstoffe müssten dringend entfernt und entsorgt und die nicht mehr funktionsfähige und zugleich extrem unwirtschaftliche Haus- und Klimatechnik erneuert werden. »Kümmert euch um eure Denkmäler, und ihr werdet nicht nötig haben, sie wieder herzustellen«, schrieb John Ruskin 1849 in seinen

20 Werner Düttmann, *Berlin ist viele Städte* [1976]. Zit. n. Sibylle Hoiman (Hrsg.), *Werner Düttmann. Nachdenken über Architektur. Reden und Schriften*. Berlin: Wasmuth & Zohlen 2021.

21 Ein anderes prominentes Resultat einer solchen Vorgehensweise, das Berliner Humboldt-Forum, besticht seit seiner Eröffnung durch das Fehlen architektonischer, räumlicher und funktionaler Prägnanz. Nun muss man eben das »Beste« aus dem 700 Millionen Euro teuren Gebäude machen.

Seven lamps of architecture.[22] Heute müsste er wohl formulieren: Kümmert euch um eure Denkmäler, und ihr werdet nicht nötig haben, sie abzureißen.

Wozu also ein Neubau für 600 Millionen Euro oder mehr, wozu all die verführerischen Renderings und Pläne, wenn wir nebenan entwicklungsfähige Gebäude verfallen lassen? Die wunderbaren und funktionierenden Orte sind längst da, ebenso die Menschen, die sie nutzen wollen und können. Wir müssen ihnen nur die Gelegenheit geben, Räume im Sinne Düttmanns auszuformulieren, sie wirklich zu bespielen. Nur weil diese Gebäude noch nicht kanonisiert sind, setzen wir sie aufs Spiel und zerstören sie nicht selten ohne Skrupel und ohne nachzudenken. Auch der hervorragende Bremer Museumsanbau von Werner Düttmann wurde 2009, nach nur siebenundzwanzig Jahren Betriebszeit, kurzerhand für einen Neubau abgerissen. Ähnlich wie das Frankfurter Historische Museum war der »kleine und bescheidene« Erweiterungsbau in der Presse anfänglich durchaus positiv aufgenommen worden. Gottfried Sello sprach von »wohltuender Schlichtheit und Zurückhaltung«, die sich »von der gängigen, viel zu ambitionierten, selbstgefälligen Museumsarchitektur« unterscheide.[23] Christel Heybrock sah Düttmann »sehr bescheiden, rücksichtsvoll, zärtlich fast« am Werk.[24] Wie das Frankfurter Museum wurde das Bremer Gebäude später ohne Benennung von plausiblen Gründen abqualifiziert und kurzerhand abgerissen. Denken wir an Burckhardt: Bei Neubauten macht man Fehler, beim Umbauen korrigiert man Fehler.

Wir sollten besser auf unseren Bestand achten; ihn unvoreingenommen und großzügig wertschätzen als Aussagen zurückliegender Generationen und Zeiten, sie nutzen und manchmal umnutzen, wo es nötig ist, leerstehende Bauten in erster Linie als Potenziale sehen; die unkonventionellen Lösungen, die entstehen könnten, wagen, und so jene einmaligen und wirklichen Orte schaffen, die Museen immer sein sollten. Beim Pariser Palais de Tokyo, einem Gebäude aus den 1930er Jahren, ist das beispielhaft gelungen. Der Umbau nach Plänen von Anne Lacaton und Jean Philippe Vassal (2001–14) gilt nach wie vor als vorbildlich. Auch in Berlin hätte man aus diesen Lösungen vernünftige Schlüsse ziehen können. Dabei kann es doch gerade hier längst nicht mehr nur darum gehen, schicke neue Museumsarchitektur zu errichten. Was

22 John Ruskin, *Die sieben Leuchter der Baukunst* [1849]. Aus dem Englischen von Wilhelm Schoelermann. Dortmund: Harenberg 1994.

23 Gottfried Sello, *Sehend für ein ganzes Leben. Kleines Haus mit großen Stärken*, In: *Zeit* vom 4. Juni 1982.

24 Christel Heybrock, *Rücksichtsvoll und gediegen bis unter die Erde*. In: *Mannheimer Morgen* vom 2. August 1982. Zit. n. Werner Düttmann, *Verliebt ins Bauen. Architekt für Berlin 1921–1983*. Basel: Birkhäuser 1990.

fehlt, sind vielmehr innovative Nutzungs- und Bildungskonzepte mit und in der bestehenden Substanz von Gebäuden und Freiflächen. André Gorz: »›Besser‹ kann ›weniger‹ sein: ein *Minimum* an Bedürfnissen schaffen, sie mit der *geringst*möglichen Verausgabung von Rohmaterial, Energie und Arbeit zufriedenstellen und dabei so *wenig* wie möglich Schaden anrichten.«

Statt immer mehr An- und Neubauten für Museen zu errichten, sollten wir lieber die realen Probleme der Unterbringung von Kunstgut lösen. Es kann ja nicht die angestrebte Lösung sein, die mühsam angesammelten Artefakte nun zu entsammeln, nur weil man sich nicht in der Lage sieht, die Weichen richtig zu stellen, vernünftige Entscheidungen für Raumproduktion, Raumerhalt und Raumnutzung zu treffen. Lucius Burckhardt hat den wahren Grund für die Neubau- und Vergrößerungsmanie ohnehin längst benannt: »Abbruch und Neubau manifestieren Herrschaft«, schrieb er, und tatsächlich muss man einen Großteil der beschriebenen Fehlentwicklungen wohl nicht einer in die Irre geleiteten und sich verselbständigenden Suche nach Lösungen für räumliche und funktionale Defizite verorten, sondern im unbedingten Drang nach Repräsentation und Macht.

Wenn unsere Sammlungsinstitutionen also Platz benötigen, um ihre Gegenstände unterzubringen, sollte man besser mutige Varianten prüfen, anstatt immer weiter die Ausstellungsflächen zu vergrößern. Wie wäre es zum Beispiel mit einem Umbau des Flughafengebäudes Tempelhof zum Zentraldepot der Berliner Bühnen und Museen? Dazu ein zentraler gemeinsamer Transportservice für Kunstgut und Bühne, nicht ein, zwei oder fünf LKW in jedem Haus. Dann wäre genügend Platz für die vielleicht sogar teilweise der Öffentlichkeit zugänglichen Objekte, und zugleich eine langfristige Nutzung für ein problematisches Gebäude gefunden, das ohnehin für mindestens 2 Milliarden Euro saniert werden muss. Wir müssten dann nicht abreißen, wir müssten nicht unnötig CO_2 in die Luft jagen und wir müssten unsere Museumsbauten nicht länger so zurichten, dass wir sie nachher zwischen all den Anbauten und Erweiterungen nicht mehr wiederfinden.

Es wäre endlich an der Zeit, zu handeln, auf ganzer Linie, vernünftig, konsequent, verantwortlich. Wir müssen unsere liebgewonne Gewohnheit, immer noch mehr haben zu wollen, als wir ohnehin schon besitzen, in ein vernünftiges Verhältnis zu den echten Problemen unserer Zeit bringen – auch wenn das manchmal ungewohnt und unbequem sein sollte. Es könnte aber auch Spaß machen – mehr, als wir derzeit haben.

Liverpool

Geschichte eines Niedergangs

Von Florence Sutcliffe-Braithwaite

Es war gegen Ende des Jahres 2004, als Boris Johnson sich in einem »kalten, feuchten Drei-Sterne-Hotel« in Liverpool verschanzte, aus Angst, man würde ihn, träte er vor die Tür, attackieren. Er befand sich auf der »Scouse-Abbitte-Fahrt«, die nötig geworden war, nachdem die von ihm herausgegebene Zeitschrift, der *Spectator*, ein (nicht namentlich gezeichnetes) Editorial veröffentlicht hatte, das die Bewohner Liverpools als »merkwürdige, zutiefst unattraktive Geister« beschimpfte. »Sie sehen sich, wenn immer möglich, als Opfer und beschweren sich darüber, sie genießen es geradezu, sich in ihrem Opferstatus zu suhlen.« Das Editorial hatte bösartige Lügen über das Unglück im Hillsborough-Stadion weiterverbreitet, die Johnson – der »Fehler in Sachen Fakt und Takt« einräumte – jetzt als unwahr anerkannte. Er war in die Stadt gekommen, um sich zu entschuldigen. Er fand aber niemanden, der die Entschuldigung annehmen wollte.

Nach den Unruhen im Toxteth-Viertel im Jahr 1981 meinte Michael Heseltine, damals Mitglied in Thatchers Kabinett, dass in Liverpool »der taktische Rückzug, eine Kombination aus wirtschaftlicher Erosion und geförderter Evakuierung«, seit Jahrzehnten im Gange sei, und zwar mindestens teilweise als Folge der Regierungspolitik. Er glaubte, er könne die Kehrtwende einleiten, und legte es darauf an, »Merseyside-Minister« zu werden. Im Gegensatz dazu hatte Finanzminister Geoffrey Howe gegenüber Thatcher geäußert, das »Management des Niedergangs« sei durchaus auch eine Option: Liverpool hatte, da war man sich einig, von allen städtischen Gebieten Großbritanniens die größten Probleme, und vielleicht sei es das Beste, die Stadt einfach ihrem Schicksal zu überlassen. Heseltine setzte sich durch, und die Torys steckten eine Menge Geld in die Stadt. Sam Wetherell teilt Heseltines Ansicht, dass die Regierungen nach dem Krieg auf »taktischen Rückzug« gesetzt hatten, findet allerdings, dass das, was Thatcher und ihre Nachfolger ihrerseits taten, kaum mehr als dessen Fortsetzung war: »Was aus Liverpool werden sollte, wurde nie wirklich entschieden.«[1]

In seinem ersten Buch, *Foundations – How the Built Environment Made Twentieth-Century Britain* (2020), hatte Wetherell vorgeschlagen, »die gebaute Umwelt als gigantisches Museum« zu betrachten, »in dem man die heruntergekommenen und schäbigen Überreste früherer Weisen der Kapitalakkumulation und obsolet gewordener Gesellschaftsvisionen besichtigen kann«. In seinem zweiten Buch macht er Liverpool nun zum Testfall für diese Behauptung. Das explosive Wachstum, das die Stadt erlebte, war die Folge des Baus eines Tiefwasserhafens im Jahr 1715. Schnell wurde sie zu einem Zentrum der

1 Sam Wetherell, *Liverpool and the Unmaking of Britain*. London: Apollo 2025.

britischen imperialen Seehandelsökonomie, zum größten Hafen für den Sklavenhandel in Europa, überlebte aber auch dessen 1807 erfolgte Abschaffung. Mitte des 19. Jahrhunderts wurden 40 Prozent des globalen Handels hier umgeschlagen.

Nach dem Ersten Weltkrieg jedoch setzte der Niedergang ein. In den 1970er und 1980er Jahren hatten sich der Kapitalismus und Imperialismus mit ihren umwälzenden Kräften zurückgezogen und die Stadt gestrandet und in beträchtlicher Not zurückgelassen. Wetherell: »Die verstörende Tendenz des Kapitals, die Räume des täglichen Lebens ständig aufzulösen und umzuschaffen, war zum Halten gekommen […] Jobs und Geld hatten sich in Luft aufgelöst, aber Anlegestellen, Lagerhäuser und unbewohnbar gewordene Reihenhäuser blieben als trotzige Materie zurück.« Die Bewohner Liverpools – die Liverpudlians – lebten in und neben diesen Aufbewahrungsstätten der Obsoleszenz.

Anders als viele jüngere Versuche der Geschichtsschreibung, die 1945 als Moment des Triumphs der »Sozialdemokratie« in Großbritannien beschreiben, sieht Wetherell die Errungenschaften der Attlee-Regierung eher skeptisch. In *Foundations* beschrieb er den politischen Kompromiss der Mitte des 20. Jahrhunderts als »soziale Entwicklungspolitik«. Ihr sei es um die Förderung von Produktion und Produktivität (vor allem männlicher Industriearbeiter), rationale Anreize für die Bedürfnisse der Konsumenten (dabei eher Frauen im Blick) und die Schaffung einer homogenen Nationalgemeinschaft (die die Disziplinierung von People of Colour implizierte) gegangen: insgesamt ein rassistisches, sexistisches, heteronomatives und nicht sonderlich demokratisches Unternehmen.

Liverpool and the Unmaking of Britain ist ähnlich pessimistisch. Das Ende des totalen Kriegs führte zu Freudenfeiern in den Straßen, zugleich gab es die vom Staat angeführte Kampagne zur Vertreibung chinesischer Migranten. Der chinesische Bevölkerungsanteil Liverpools war während des Kriegs signifikant gewachsen, aber nach seinem Ende waren sich Regierungsbeamte und Polizei ganz einig, dass chinesische Seeleute, die sich weigerten, ohne Rückfahrkarte auf Schiffen nach China anzuheuern, zusammengetrieben und deportiert werden sollten. Viele dieser Seeleute hatten einheimische Frauen geheiratet und Familien gegründet, die Behörden fanden jedoch nicht, dass das einen Unterschied machte – »Viele der Ehefrauen stammen aus der Klasse der Prostituierten«. Fast zweitausend chinesische Männer wurden genötigt, sich ihre Rückkehr nach China mit Arbeit auf den Schiffen selbst zu verdienen, und achthundert weitere wurden zwangsdeportiert. Viele Frauen und Kinder glaubten, sie seien einfach zurückgelassen worden.

Unterdessen ersetzten massive neue Sozialbausiedlungen in den Vorstädten die Innenstadt-Slums, zersplitterten dabei aber die existierenden Gemeinschaften und vereinzelten Frauen und Kinder in Kernfamilienwohnungen, die zwar Innentoiletten hatten, dafür kaum Läden und andere Infrastruktur in der Nähe. Einer der Umgezogenen sagte, es fühle sich an wie die »äußere Mongolei«. People of Colour konnten eher nicht damit rechnen, eine dieser neuen Wohngelegenheiten angeboten zu bekommen: Wenn ihnen Sozialwohnungen zugeteilt wurden, dann in aller Regel in älteren Gebäuden und weniger attraktiven Gegenden. Der einzige Stadtteil, aus dem das Merseyside Community Relations Council nicht massenhaft Beschwerden über rassistische Vorfälle erreichten, war Toxteth, das unterprivilegierte Innenstadtviertel, in dem die meisten schwarzen Liverpudlians lebten.

Die Strategien der Nachkriegsregierungen zur Unterstützung der Arbeiterschaft Liverpools – Entprekarisierung an den Hafendocks und die Verlagerung der verarbeitenden Industrie nach Merseyside und in andere »Entwicklungsregionen« – waren in erster Linie ein Rettungsring für weiße männliche Arbeiter. Die 1947 eingeführte Registrierung der Hafenarbeiter bedeutete, dass, wer sich registrierte und für Schichten bereithielt, einen garantierten Lohn und für zusätzliche Arbeit auch zusätzliches Geld bekam. Aufsichtsgremien kontrollierten die Liste der registrierten Hafenarbeiter; in den frühen Sechzigern meinte ein Kommentator, es sei weniger kompliziert und weniger von etablierten Seilschaften abhängig, einen Sohn nach Eton zu bekommen, als auf diese Liste zu gelangen.

Viele Frauen arbeiteten im und am Hafen, in Kantinen, Pubs und Büros. Ihre Arbeit jedoch war schlecht bezahlt, und die wenigsten waren gewerkschaftlich organisiert. Keine der Frauen, die als Reinigungskräfte auf den Schiffen tätig waren, erhielt je einen garantierten Mindestlohn. Ihre Arbeit wurde von den männlichen Arbeitern kaum wahrgenommen. Einer erzählte 1985 einem Interviewer, Frauen hätten »absolut nichts mit der Arbeit am Hafen zu tun« gehabt.

Die Erklärung von Merseyside zum »Entwicklungsgebiet« im Jahr 1949 sollte Liverpools Abhängigkeit von Handel und Dienstleistungen reduzieren und eine moderne Industriebasis an seiner Peripherie schaffen. Das war durchaus von einigen Erfolgen gekrönt: In den frühen sechziger Jahren wurden in Merseyside drei neue Autofabriken angesiedelt – Ford, Standard Triumph und Vauxhall. So kamen die Autos in die Region, und sie veränderten sie.

Nach einem gescheiterten Plan in den frühen Fünfzigern, ein Netzwerk von Hubschrauberlandeplätzen in der Gegend zu schaffen, sah es für den öffentlichen Verkehr nicht gut aus. Einige Verkehrsmittel (Busse und Züge) wurden stark reduziert, andere (Straßenbahnen und Hochbahnen) komplett abgeschafft. Ein neues U-Bahn-System, das Mitte der Sechziger geplant worden war, wurde nur teilweise fertiggestellt. Autos waren die Zukunft. In den frühen fünfziger Jahren besaß einer von fünfzig Bewohnern Liverpools ein Auto; zwei Jahrzehnte später war es einer von acht. Überall wurden Straßen und Parkplätze gebaut – »toter öffentlicher Raum«, wie zwei Urbanisten es formulieren –, ein zweiter Autotunnel unter dem Mersey, der Kingsway, wurde 1973 eröffnet.

»Uns ist klar, dass der Fortschritt unaufhaltbar ist«, beschwerten sich Anwohner, deren Häuser und neue Sozialwohnungen dem Kingsway-Tunnel weichen mussten, »aber wir finden, dass die Behörden eine andere Stelle hätten auswählen können.« Als das Walisisch sprechende Dorf Capel Celyn wegen eines Wasserreservoirs für die Liverpooler geflutet wurde, äußerten sich Labour- wie Tory-Politiker ähnlich utilitaristisch. »Natürlich ist es bedauerlich, dass Menschen im Interesse des Fortschritts manchmal leiden müssen«, sagte die langjährige Labour-Abgeordnete Bessie Braddock. »Aber das hier ist der Fortschritt.« Die Moderne wurde von den Behörden verhängt, und der private Sektor war natürlich auch mit dabei.

Es dauerte aber nicht lange, bis es mit dieser Fortschrittsergebenheit vorbei war. Das Rettungsboot, das die weiße Arbeiterklasse über Wasser halten sollte, hatte, wie sich zeigte, Löcher im Rumpf. Die Industriestrategie der Nachkriegszeit machte Gegenden wie Merseyside abhängig von Zweigwerken multinationaler Konzerne, und wenn die Subventionen weniger oder Arbeitskräfte andernorts billiger wurden, dann verschwanden die Fabriken so schnell, wie sie gekommen waren. 1969 hieß es in offiziellen Prognosen noch, dass in Merseyside bis 1991 nicht weniger als 37 400 neue Fabrikjobs entstehen würden; in Wahrheit verlor es 92 000.

Die Deindustrialisierung – angetrieben zum Teil durch technologischen Wandel und wachsende Nachfrage nach Dienstleistungen – traf Liverpool besonders hart, und just in dem Moment, in dem auch die Arbeit in den Docks sich in Luft auflöste. 1972 schlossen sämtliche innerstädtischen Hafenanlagen; ein Jahrzehnt später waren nur ein paar Hundert Arbeiter übrig, die für die Containerterminals in Seaforth zuständig waren. Schätzungen eines Unternehmens zufolge senkte die Containerschifffahrt die Transportkosten um 94 Prozent und benötigte viel weniger Arbeiter. Waren, die sich nicht für den Containertransport eigneten – vor allem Lebensmittel wie Zucker und Weizen –, wurden im Nachkriegsgroßbritannien nicht mehr in vergleichbaren Mengen importiert, da das Land sich stark in Richtung Nahrungsmittelselbstversorgung bewegte.

Der riesige Hafenkomplex, gebaut zu Zeiten, als Liverpool das Herz der imperialen Macht und britischen Handelsnetzwerke war, wurde aufgegeben. Die neuen Industrieanlagen, die der Gesellschaftsentwicklungsstaat der Nachkriegszeit geschaffen hatte, kämpften ums Überleben. Obsoleszenz kam zu Obsoleszenz. 1972 waren elf Prozent des Bodens in der Innenstaat leer oder Brache. Ein Regierungsbericht stellte fest, dass »Rudel halbwilder Hunde zwischen Haushaltsmüll nach Beute suchen [...] Kinder machen Feuer aus Karton und dem Holz abgerissener Häuser [...] überall riecht es nach dem Gas aus den teilweise verbuddelten Gasrohren abgerissener Häuser«.

Am Ende des Jahrzehnts war fast ein Drittel des Mersey so belastet, dass nichts mehr darin lebte. Thatcher war nicht die Verursacherin der Probleme Liverpools, aber ihr monetaristisches Experiment verschärfte diese, indem es der britischen Industrie in den frühen Achtzigern schweren Schaden zufügte. Ihre ausländerfeindliche Rhetorik – »Die Leute haben Angst, dass dieses Land von Menschen mit einer anderen Kultur überschwemmt werden könnte« – war nicht gerade hilfreich für das Zusammenleben. Schon 1971 prognostizierte eine Abgeordnete von Toxteth, Margaret Simey, dass die Polizei in der Stadt einen »Bürgerkrieg« provozieren würde. 1981 wurde sie in ihrer Vorhersage bestätigt.

Toxteth war überdurchschnittlich schwarz und überdurchschnittlich arbeitslos. Die Polizei dagegen überdurchschnittlich weiß und rassistisch. Die Belästigung schwarzer Menschen durch Polizisten wurde zum Auslöser der *Riots* im Juli 1981. Es entwickelten sich die umfassendsten und zerstörerischsten Unruhen in Großbritannien seit 1945: 462 Menschen wurden festgenommen, 781 Polizisten verletzt und 150

Gebäude zerstört. Einem jungen Schwarzen brach ein Polizeifahrzeug das Rückgrat; ein junger weißer Mann mit Behinderung wurde getötet, als ein Polizeiauto in eine Gruppe raste, in der er stand.

Wetherell weist zu Recht darauf hin, dass der Begriff »riots« politisch ist. Natürlich ist die Alternative, die er bevorzugt – »Aufstand« (»uprising«) –, auch eine politische Wahl (ich bezweifle, dass er die Southport Riots von 2024 als »Aufstand« bezeichnen würde). Sicher bestand der Kern der Unruhen in der Konfrontation mit einer rassistischen Polizei. Einige Gebäude wurden aus politischen Gründen attackiert, darunter das vom konservativen Ortsverband betriebene *Thatcher's Tea and Coffee House*, dessen Fenster eingeschmissen wurden. Aber es gab auch die ziellosen Plünderungen entlang der Lodge Lane mit ihren vielen von lokalen Eigentümern betriebenen Läden; zwar wurden von den Einheimischen ortsfremde Weiße beschuldigt, aber beweisen ließ sich das nie. Es ist klar, dass der *thrill*, die normale Ordnung auf den Kopf zu stellen, etwas Berauschendes hat; ein Teilnehmer, der sich dreißig Jahre später an die Geschehnisse erinnerte, sagte, er habe »versucht, die Euphorie zu unterdrücken – aber nach all der Zeit fühle ich die Aufregung noch [...] Die Macht der Leute zu erleben, eine vereinte Gemeinschaft mit einem gemeinsamen Ziel [...] und sie haben gewonnen! Können Sie sich das vorstellen, was das heißt, sie davonlaufen zu sehen, Polizeibeamte wirklich und wahrhaft fliehen zu sehen?«

Die Polizei reagierte mit extremer Gewalt. Tränengas, das zuvor nur im Empire und seit 1969 in Nordirland verwendet worden war, wurde nun auch auf der britischen Insel eingesetzt. Druckgaskanister, die wie kleine Bomben funktionierten und die Aufschrift »Nur zum Durchbrechen von Barrikaden ... Nicht auf Personen abfeuern« trugen, wurden direkt in die Menschenmenge geschossen. Kaum zu glauben, dass dabei niemand getötet wurde. In den Tagen danach durchsuchten Polizisten die Häuser mutmaßlicher Beteiligter, schleppten Männer auf die Straße und schlugen sie, beleidigten sie lautstark rassistisch und verhafteten oder schüchterten zumindest jeden ein, der gegen ihr Vorgehen protestierte. Tory-Regierung und rechte Presse waren sich einig darin, dass die Unruhen keinesfalls als Ergebnis materieller Entbehrungen und rassistischer Polizeipraktiken anzusehen, sondern auf angeborene Kriminalität zurückzuführen seien. Dass auch Weiße daran beteiligt waren, so ein Argument, zeige doch, dass Rassismus hier keine Rolle spielen könne. Der Soziologe Stuart Hall sah das anders. Wenn eine »ganze Gemeinschaft stillschweigend auf den Müllhaufen geworfen« werde, könne durchaus »so etwas wie eine gemeinsame Front von Schwarzen und Weißen« entstehen.

Für Wetherell beweist die Katastrophe von Hillsborough im Jahr 1989, dass die weiße Arbeiterklasse tatsächlich auf dem Müllhaufen gelandet war. Der FC Liverpool spielte im FA-Cup-Halbfinale gegen Nottingham Forest im heruntergekommenen Hillsborough-Stadion in Sheffield. Der Einsatzleiter der Polizei, Chief Superintendent David Duckenfield, hatte keinerlei besondere Vorkehrungen getroffen. Als es kurz vor Anpfiff zu einem Gedränge an den Drehkreuzen am Eingang für Liverpool-Fans kam, weigerte er sich, den Anpfiff zu verschieben. Stattdessen ließ er nachträglich eines der Fluchttore öffnen. Die Fans strömten ins Stadion, wo Schilder sie durch einen Tunnel auf zwei Stehplatztribünen im Unterrang leiteten. Die Tribünen waren durch 2,40 Meter hohe Metallzäune vom Spielfeld, die einzelnen Fan-Blöcke wiederum durch hohe Barrieren voneinander getrennt; in jedem Block befand sich zwar ein Tor zum Spielfeld, das während der Spiele jedoch verschlossen war. Es gab keine Ordner, die den Zustrom kontrollierten. Während die Menschen in beiden Kurven noch saßen und Zeitung lasen, kam es auf den Stehplätzen in der Mitte zu einer katastrophalen Überfüllung. Dennoch wurde das Spiel angepfiffen.

Liverpool-Fans, die am Eingang aufgehalten worden waren, strömten nun in die zentralen Blöcke und verstärkten dort den Druck. Mit jeder Welle wurden die Menschen vorne gegeneinander und gegen die Metallzäune gedrückt. Die Berichte der Überlebenden sind erschütternd. Einer von ihnen, Adrian Tempany, der später als Journalist die Katastrophe untersuchte, erinnerte sich: »Im Minutentakt wurden fünfzig, sechzig Menschen unter dem Druck von hinten wie ein einziger Block vorwärtsgedrückt; während sie sich bewegten und dabei jemandes Brust oder Rippen auf Metall, Fleisch oder Knochen aufgespießt wurde, schrie eine Stimme auf und verstummte dann. Die Menge beruhigte sich wieder, hilflos und erschöpft, versuchte zu Atem zu kommen und zu schreien ... [die Menschen] schienen unter uns zu versinken.«

Tempany dachte, er werde sterben. Fans in den beiden benachbarten Blöcken, die sehen konnten, was vor sich ging, begannen, Menschen über die hohen Trennzäune zu ziehen. Eines der Tore zum Spielfeld sprang mehrmals auf, wurde jedoch von der Polizei wieder zugeschlagen. Als Duckenfield – der vom Kontrollturm aus alle Tribünen überblicken konnte – den Beamten befahl, hinunterzugehen und nachzusehen, fanden sie keine Platzstürmer vor, sondern Zuschauer, »bewusstlos, blau angelaufen und mit Erbrochenem bedeckt«. Ein Beamter erinnerte sich, dass »die ersten drei oder vier Reihen in meinem Blickfeld tot waren«. Ein anderer, der keine Antwort auf seine Funkaufforderung erhielt, das Spiel zu unterbrechen, rannte auf das Spielfeld, um es zu stoppen. Die Polizei hinderte die Krankenwagen daran, zum Spielfeld zu gelangen.

Duckenfield behauptete, betrunkene Liverpool-Fans ohne Eintrittskarten hätten das Stadion gestürmt und die Massenpanik verursacht: eine Lüge, die er später zurückziehen musste, aber der Schaden war bereits angerichtet. 94 Menschen starben an diesem Tag und drei weitere danach. Einige Tage nach der Katastrophe verbreitete die *Sun* – ohne jegliche Grundlage – die Behauptung, Liverpool-Fans hätten die Polizei und medizinisches Personal angegriffen und die Toten bestohlen. Die Zeitung wird in Liverpool bis heute boykottiert.

Nach dem jahrzehntelangen Einsatz von Aktivisten, einem von der Regierung in Auftrag gegebenen Bericht und zwei amtlichen Untersuchungen sind die grotesken Versäumnisse der Polizei, die zu der Katastrophe geführt haben, mittlerweile eindeutig nachgewiesen. (Das von der aktuellen Labour-Regierung vorgeschlagene »Hillsborough-Gesetz« soll sicherstellen, dass Opfer und ihre Familien nie wieder einen so langwierigen Prozess durchstehen müssen, wenn es darum geht, staatliches Versagen nachzuweisen.)

Wetherell interessiert sich allerdings mehr noch für die Umstände, die die Polizei zu ihrem Handeln veranlasst und Duckenfields Lüge ermöglicht haben. Hillsborough war der Höhepunkt von zwei Jahrzehnten voller Fußballkatastrophen, die Wetherell zufolge im Zusammenhang mit der Deindustrialisierung und dem Verlust relativ sicherer Arbeitsplätze für Männer aus der Arbeiterklasse gesehen werden müssen. Fußball hatte an Popularität eingebüßt, die Fans waren jünger als früher, überwiegend männlich und rowdyhafter. Die Polizeiarbeit war zunehmend repressiver geworden und die Architektur der Stadien feindseliger. Als die Arbeiterklasse wirtschaftlich überflüssig wurde, wurden der Sport der Arbeiterklasse in der Presse verteufelt und seine Fans für überflüssig erklärt.

Einer der Aufstände gegen den Thatcherismus in den 1980er Jahren, der auf ein besonders großes Medienecho stieß, formierte sich in den Büros der Stadtverwaltung von Liverpool. Angeführt wurde er von einer trotzkistischen Gruppe, die sich »Militant« nannte und deren Strategie darin bestand, die Labour Party zu infiltrieren, die Kontrolle über ihre Ortsgruppen zu übernehmen und deren Maschinerie dafür zu nutzen, politische Macht zu erlangen. Ihr Experiment in Liverpool begann 1983 und dauerte drei Jahre. Die »Leichen ihrer unerfüllten Anliegen«, schreibt Wetherell, werden seither »fast jährlich von Politikern und Journalisten exhumiert«, wenn es darum geht, ein »Lehrstück über die Sinnlosigkeit überzogenen ideologischen Eifers angesichts harter wirtschaftlicher Fakten« zu erzählen. Sein Bericht zielt darauf ab, eine Reihe von Mythen zu widerlegen.

Während der Nachkriegszeit war Liverpool von einer Labour-Parteimaschinerie dominiert worden, die in den 1970er Jahren zu zerfallen begann. Die Deindustrialisierung, die Schließung der Docks, steigende Arbeitslosigkeit und die Abwanderung von Menschen und Unternehmen in Vororte und Satellitenstädte hatten dazu geführt, dass die Steuereinnahmen der Stadt eingebrochen waren. Unter Thatcher wurden auch noch die staatlichen Finanzhilfen drastisch zurückgefahren. Ein Drittel der Arbeitnehmer der Stadt war im öffentlichen Dienst beschäftigt, viele davon bei der Stadtverwaltung. Die Stadt sah bei der Frage, welche Arbeitsplätze und Dienstleistungen sie womöglich noch einsparen könnte, keinen Spielraum mehr, und die von Militant geführte Labour-Verwaltung versprach, beides zu erhalten.

Ihr Kampf gegen Thatcher basierte auf der Weigerung, um eines ausgeglichenen (und damit legalen) Haushalts willen Steuern zu erhöhen und Ausgaben zu kürzen. Ihre Anführer, allen voran der charismatische Derek Hatton, bestanden darauf, dass Entscheidungen über die Höhe der Beiträge der Zentralregierung zu den Finanzen der Kommunalverwaltung und über die damit verbundenen Bedingungen eine politische Ermessensfrage darstellten, womit sie auf großes Echo stießen. Ein Labour-Anhänger, der nicht mit dem militanten Flügel sympathisierte, erinnerte sich an große Demonstrationen zur Unterstützung des Ansatzes von Militant: »Man hatte das Gefühl, dass die Menschen hinter einem standen. Die Stadt war politisiert.«

Der größere strategische Plan von Militant bestand darin, die Arbeitsplatz- und Wohnraumkrise der Stadt über ein ehrgeiziges Wohnungsbauprogramm anzugehen: Es wurden fünftausend neue Sozialwohnungen gebaut, deren Gestaltung von der rechtsgerichteten Stadtplanerin Alice Coleman beeinflusst war, wahrscheinlich der einzigen Person, wie Wetherell bemerkt, die sowohl Thatcher als auch Hatton bewunderten. Coleman war der Ansicht, dass Menschen von Natur aus in Einfamilienhäusern mit Auffahrt und »abgeschirmtem Raum« leben wollten und dass hochverdichtete Wohnsiedlungen zu »Homosexualität und anderen Abweichungen« führten. Militant stimmte dem zu. Die »trotzkistische Vorstadt« war traditionell, sittsam, »fast prüde«. Ein Teil davon wurde sogar von Wimpey gebaut, dem seinerzeit größten Bauunternehmen im Vereinigten Königreich.

Der vermeintlich radikale Plan lief letztlich auf wenig mehr als ein keynesianisches, durch Verschuldung finanziertes öffentliches Investitionsprogramm hinaus. Die Anhänger von Militant hielten Überlegungen zur Stärkung der Rechte von Frauen, Lesben und Schwulen oder Schwarzen für »kleinbürgerliche« Nebenkriegsschauplätze; weiße Haushalte hatten eine zwei- bis viermal höhere Chance, eine der neuen Sozialwohnungen zu bekommen, als schwarze Bewerber. Die Tragödie bestand also nicht etwa darin, dass Militant zu radikal, sondern dass es zu engstirnig war. Als seinen Führern schließlich der Handlungsspielraum ausging, wurden sie wegen ihrer Weigerung, einen gesetzeskonformen Haushalt aufzustellen, zu Geldstrafen verurteilt, überdies wurde ihnen die weitere Ausübung öffentlicher Ämter untersagt. Damit war das Feld frei für den Thatcherismus.

Die Konservativen konzentrierten sich bei ihren Bemühungen zur Wiederbelebung Liverpools hauptsächlich auf Anreize – in der Regel niedrige Steuern und weniger Regulierung –, um private Investoren anzulocken. Die Merseyside Development Corporation, das Pendant zu der Gesellschaft, die zur Umgestaltung der Londoner Docklands gegründet worden war, verwandelte die alten viktorianischen Docks im Stadtzentrum in ein Zentrum für Freizeit, Shopping, Kultur, Kulturerbe und Kunst. In der Vorstadt Speke wurde ein Gewerbegebiet und in Seaforth ein Freihafen geschaffen. Ein nationales Gartenfestival, das 1984 stattfand, diente als Anlass, um eine riesige Brachfläche für die zukünftige Entwicklung zu sanieren. Das Festival lehnte politische Gesten ab: Als eine Gruppe namens »Diggers« (benannt nach den Protokommunisten des englischen Bürgerkriegs) vorschlug, einen Teich anzulegen, aus dem eine Hand mit einem UB40-Formular (für Arbeitslosengeld) herausragt, wurde ihnen nahegelegt, stattdessen doch lieber ein Ortskunde-Quiz zu veranstalten.

Der Fußball wurde erst spät Teil all dieser Regenerationsaktivitäten. Während der Thatcher-Jahre hatte wenig darauf hingedeutet, dass er einmal an der Gentrifizierung Anteil haben würde, aber nach Hillsborough gab es eine Reihe von Reformen, die darauf abzielten, den Sport familienfreundlicher zu machen. Nach der Gründung der Premier League im Jahr 1992 wurde er zu einem immer größeren Geschäft. Das neue Stadion von Everton bildet heute das Herzstück der Neugestaltung der nördlichen Docks von Liverpool.

Die Bewirtschaftung der Stadtgeschichte wurde hingegen schon lange zuvor nur zu gerne betrieben. Allerdings handelte es sich dabei in aller Regel um eine Version, die, wie Wetherell es ausdrückt, »allgegenwärtig und ungenau war, eher nachgestellt als hinterfragt«. Dass die Beatlemania eine Grundlage für Liverpools Tourismuswirtschaft bilden würde, mag im Nachhinein offensichtlich erscheinen, aber in den 1970er Jahren war dies nicht der Fall. Der Cavern Club, der Ort, an dem die Band ihren Durchbruch hatte (und wo die junge Cilla Black einen Job als Garderobiere annahm, in der Hoffnung, es als Sängerin zu schaffen), schloss zu Beginn des Jahrzehnts und wurde bald darauf abgerissen, um Platz für einen Lüftungsschacht für die neue U-Bahn der Stadt zu schaffen. Als dieser Plan scheiterte, wurde das Areal in einen Parkplatz umgewandelt. Erst in den frühen achtziger Jahren startete Cavern City Tours den Fab-Four-Tourismus und errichtete schließlich eine Nachbildung des Clubs neben dem ursprünglichen Standort. Das The Beatles Story Museum wurde 1990 eröffnet, der National Trust kaufte später die Elternhäuser von Paul McCartney und John Lennon.

Liverpools Geschichte als Hafenstadt war ebenfalls von zentraler Bedeutung für seinen wirtschaftlichen Aufschwung, doch dieses Erbe ist umstrittener. 1984 wurde das Merseyside Maritime Museum in einem alten Lagerhaus am Royal Albert Dock eröffnet, mit dem Ziel, die »stolze Geschichte« der Stadt zu erzählen; im selben Jahr fand die erste Parade der Großsegler statt. Im Jahr 1992 nahmen mehr als hundert Segelschiffe an einer Regatta teil, mit der Columbus als »Entdecker der Neuen Welt« gefeiert werden sollte. Dass die Geschichte von Versklavung, Gewalt, Enteignung, Völkermord und Ökozid bei derartigen Veranstaltungen unerwähnt blieb, wurde zunehmend kritisiert. 1991 kündigte das Maritime Museum eine neue Ausstellung zum Thema Sklaverei an, aus der das 2007 eröffnete International Slavery Museum hervorgehen sollte (dessen globalgeschichtlichen Ansatz einige weiße Liverpooler absichtlich so missverstanden, als könne die Bedeutung der Stadt im transatlantischen Sklavenhandel als »bloße Fußnote« abgetan werden, wie es einer von ihnen formulierte).

»Alle Fabriken sind mit einem gewissen Maß an Mystifizierung verbunden«, schreibt Wetherell, und »Liverpools Geschichtsfabrik ist da keine Ausnahme«: Ihre Waren »zirkulieren größtenteils unter Menschen, die wenig über die Bedingungen wissen, unter denen sie hergestellt wurden«. Anfang der 2020er Jahre verzeichnete Liverpool 31 Millionen Besucher pro Jahr, 35 000 Menschen arbeiteten im Tourismussektor der Stadt, genauso viele wie zu deren Blütezeit in den Docks. Die Vergangenheit ist zu einer Ressource geworden, die im Dienst einer »makroökonomischen Mission« ausgeschöpft wird, wobei schwierige Teile dieser Vergangenheit nach Möglichkeit herausgefiltert werden. Unter dem Einfluss von Experimenten mit dem freien Markt und einer kulturorientierten Erneuerung hat sich die Ungleichheit nicht etwa verringert, sondern verschärft. Liverpool hat die höchste Rate an »deaths of despair« (durch Selbstmord und Drogenmissbrauch) in England.

Wetherell begann 2014 mit der Arbeit an seinem ersten Buch, zu einer Zeit, als im Anschluss an die Finanzkrise von 2008 »die historische Zeit stillzustehen schien«. Das Projekt sollte ihn sechs Jahre lang beschäftigen. Im Schlusskapitel schrieb er, dass sich die Geschichte währenddessen schnell zu bewegen begonnen habe: Die

»Ideen und Strukturen, die den Neoliberalismus zusammenhalten«, schienen sich »aufzulösen«, und die Zukunft erschien »radikal offen«. Es war die Zeit des Brexit, in der Boris Johnson die Erwartungen an den Zusammenhang zwischen Klassenzugehörigkeit und Wahlverhalten auf den Kopf stellte, die Jahre der Corbyn-Ära mit ihrer berauschenden Begeisterung und ihren wütenden Spaltungen sowie der Desorientierung vieler Linker nach Corbyns endgültiger Niederlage. Die Geschichte schien sich schnell zu bewegen, der radikale Einschnitt, den die globale Pandemie zur Folge haben würde, war allerdings noch nicht absehbar. Als *Foundations* Ende 2020 erschien, sah die Welt ganz anders aus.

In *Liverpool and the Unmaking of Britain* stellt Wetherell fest, dass die »historische Zeit« mittlerweile »gestört und ins Stocken geraten« sei. Die Pandemie, dieser Disruptor par excellence des globalisierten Kapitalismus, hatte den paradoxen Effekt, dass die Labour Party zu einem unbeschwerten Optimismus à la Tony Blair zurückgekehrt ist. Aus einer solchen Perspektive erscheint eine radikale Umgestaltung unserer politischen Ökonomie, des Finanzsektors und der öffentlichen Dienste ebenso wenig zwingend wie eine Revision der globalen Handelsbedingungen oder der Maßnahmen gegen den Klimawandel. Der politische Gestaltungswille erschöpft sich in technokratischen Korrekturen – eine dritte Start- und Landebahn in Heathrow und ein paar Kürzungen bei den Behindertenleistungen. Keir Starmer lehnt die Vorstellung ab, die politische Ökonomie Großbritanniens könnte grundlegend kaputt sein, er ist skeptisch gegenüber großen Visionen, und er weigert sich, etwas zu beschwören, das man als »Starmerismus« bezeichnen könnte. Nicht von ungefähr zeigen große Teile der Linken gerade eine besondere Vorliebe für Gramscis Satz »Das Alte stirbt, das Neue ist noch nicht geboren.«

Angesichts des düsteren Bildes, das er auf einer Strecke von 350 Seiten gezeichnet hat, fällt es schwer, Wetherells Aufruf zur Hoffnung am Ende seines Buchs nicht als reinen Zweckoptimismus zu verbuchen, selbst wenn er auf einige ermutigende historische Beispiele verweisen kann: Mietstreikende auf dem Tower Hill Estate im Jahr 1972; Feministinnen, die irischen Frauen halfen, die in Großbritannien eine Abtreibung vornehmen lassen wollten; schwarze Radikale, die 1982 eine Statue von William Huskisson, einem Befürworter der Sklaverei, umstürzten; die Gründer des ersten großangelegten Nadelaustauschprogramms Großbritanniens, die in den 1980er Jahren unzählige Menschen vor Aids bewahrten.

Aber das waren kleine, basisdemokratische Bemühungen. Wetherell spielt mit der Hoffnung, dass der Niedergang Liverpools »unter den richtigen politischen Bedingungen« womöglich »eine Art Freiheit, vielleicht sogar eine Voraussetzung dafür sein könnte, sich eine bessere Welt vorzustellen«, aber er löst dieses Versprechen nie ein. Seine Darstellung analysiert sehr plausibel die Fehler aufeinanderfolgender politischer Projekte, links und rechts, moderat und radikal, national und kommunal. Geht es hingegen darum, sich eine Alternative dazu vorzustellen, ist sie weit weniger überzeugend.

Aus dem Englischen von Christian Demand und Ekkehard Knörer

Paradoxien der Einsamkeit

Von Lothar Müller

I

Als die damalige britische Premierministerin Theresa May zu Beginn des Jahres 2018 die Einrichtung eines »Ministry for Loneliness« verkündete, war damit ein großes nationales Präventionsprojekt verbunden. Eine parteiübergreifende Kommission hatte zuvor einen Bericht vorgelegt, demzufolge neun Millionen Briten unter dem Gefühl der Einsamkeit litten. Es gab ironische Kommentare zum Titel des Ministeriums, doch zugleich stellte sich in der öffentlichen Debatte rasch die Formel »global epidemy« ein. Sie hatte einen langen Vorlauf. Bereits zur Jahrtausendwende war *Bowling Alone – The Collapse and Revival of American Community* des amerikanischen Autors Robert Putnam erschienen. Das Buch trug seine These im paradoxen Titel, in dem das traditionell gemeinschaftlich als Freizeitsport betriebene Bowling zur Einzelaktion schrumpfte.

Putnam diagnostizierte eine Krise der politischen, zivilen und religiösen Partizipation, die bis in die informellen Sozialbeziehungen hineinreichte. Lange war die Einsamkeit als subjektives, schmerzhaftes Gefühl des Alleinseins im Horizont individueller Erfahrung erschienen. Im frühen 21. Jahrhundert wurde sie zu einem Symptom der Bedrohung sozialer Kohäsion und als solche empirisch erforscht. Damit trat die Soziologie, in deren Lexika sie bis dahin keinen Eintrag gehabt hatte, auf den Plan und an die Seite der Sozialmedizin. David Riesmans *The lonely crowd* (1950) war eine Charakterologie der Mittelklasse gewesen, nun wurden Statistiken der Einsamkeit nach Alter, Geschlecht, sozialem Status, Minderheitenzugehörigkeit etc. aufgefächert. Zum Horizont wurde die Sorge um die Gesellschaft als Ganze.

Die Horizontverschiebung war nicht zuletzt ein Effekt der gesteigerten Beobachtungsintensität. Viele Figuren der Einsamkeit, die nun von den Punktstrahlern der Umfragen erfasst wurden, gehörten lange schon zum Personal der modernen Gesellschaften. Die Künste hatten ihre Innenwelten erkundet. »Wer sich der Einsamkeit ergibt || Ach, der ist bald allein …«, sang Goethes Harfner, »I'm so lonesome I could cry« Hank Williams. In den Balladen der Pop- und Rockmusik waren die Einsamen allgegenwärtig. Stets sprachen sie als Einzelne. Die Punktstrahler fassten sie zu Gruppen zusammen.

Die soziologischen Studien unterschieden, wenn sie methodisch vorgingen, im Blick auf die Ursachen und Effekte der Einsamkeit zwischen Korrelationen und Kausalitäten und begriffen sie nicht umstandslos als Krankheit, wohl aber als Krankheitsrisiko. Zugleich wurden in der diskursiven Karriere der Einsamkeit solche Kautelen rasch abgestreift.

Als in England das Ministry for Loneliness eingerichtet wurde, erschien in Deutschland Manfred Spitzers Buch *Einsamkeit – die unerkannte Krankheit*. Darin begnügt sich die Einsamkeit nicht mit der Erhöhung des Risikos, von Krebs, Herzinfarkt, Schlaganfall, Depressionen und Demenz betroffen zu werden. »Einsamkeit ist zudem ansteckend und breitet sich wie eine Epidemie aus – nicht nur Singles und Alleinstehende sind davon betroffen, sondern auch Verheiratete! Einsamkeit ist die Todesursache Nummer eins in den westlichen Ländern.« Ein tragfähiger empirischer Beleg für dieses Todesursachen-Ranking dürfte schwer zu erbringen sein.

Das Buch *Zeiten der Einsamkeit – Erkundungen eines universellen Gefühls* (2025) des deutschen Soziologen Janosch Schobin sticht auch deshalb aus der aktuellen Fülle von Publikationen zum Thema hervor, weil es die Kasuistik als methodisches Instrument zur Kontrolle der Interpretation statistischer Daten einsetzt. Schobin hat 71 ausführliche Interviewgespräche in Deutschland, den Vereinigten Staaten und Chile geführt und erzählt auf dieser Basis detailgesättigte Fallgeschichten. Ein weißer US-Bürger in Brooklyn zeichnet im Blick auf die von der Verrazano-Narrows-Bridge beförderte Veränderung der Sozialstruktur seines Viertels nach, wie er zur Figur des »bowling alone« wurde. Er steht für die »Einsamkeit als Lebensform«, von der die Gesamtperson bis ins Körperbewusstsein und ihren physischen Auftritt geprägt ist. In der Lebenserzählung der Chilenin Martha zeigt sich das Zusammenspiel von Klassen- und Geschlechterverhältnis bei der Modellierung von Einsamkeitserfahrungen. In den Gesprächen mit einer deutschen und einer chilenischen Hinterbliebenen werden unterschiedliche Strategien sichtbar, die Toten als Bündnispartner gegen die Einsamkeit zu gewinnen.

»Nobody came« sangen die Beatles vor Jahrzehnten, als in ihrem Song *Eleanor Rigby* die Titelheldin zu Grabe getragen wurde. In Schobins Kapitel »Die Einsamkeit der Sterbenden« tritt Egon auf, ein männliches Pendant zu Eleanor Rigby. Er ist in seiner Zweizimmerwohnung unbemerkt gestorben und wird in einer Reihe anonymer Urnengräber beigesetzt. »Ein Pfarrer spricht einige Worte ins Leere, sonst ist niemand gekommen.« Es hat Egon nie gegeben. Er ist eine synthetische Figur, aus den statistischen Daten über die Zunahme der Amtsbestattungen in Deutschland zusammengesetzt. Fiktiv ist er nicht. Dass er männlich ist, entspricht den Datensätzen, ebenso die Rolle des Geldes in seinem Leben wie bei seiner Bestattung, seine Rolle als geschiedener Bruder von Geschwistern mit intakten Familien, seine Frauensuche auf den Partnermärkten.

Schobin hütet sich, von Figuren wie Egon auf eine generelle Zunahme der Einsamkeit in den westlichen Gesellschaften der Gegenwart zu schließen. Er kennt sowohl die Einsamkeit als dunklen Schatten der Individualisierung in der Moderne wie die Verringerung von Einsamkeitsbelastungen durch Prozesse der Emanzipation und Inklusion oder Autonomiegewinne, die aus wachsendem materiellen Wohlstand resultieren. Damit steht er an der Seite des britischen Sozialhistorikers David Vincent, der in seiner *History of Solitude* (2020) die beliebte Koppelung der statistischen Zunahme von Single-Haushalten und zunehmender Einsamkeit infrage stellt und den Einzug in eine Einzelwohnung als Autonomiegewinn – etwa nach einer Trennung – diskutiert, der von finanziellen Ressourcen begünstigt wird.

Theresa May hatte die Einsamkeitsprävention ausdrücklich zur Parallelaktion der Public-Health-Kampagnen gegen Übergewicht und das Rauchen erklärt. Körpergewicht lässt sich messen, Zigaretten lassen sich zählen. Das Messinstrument für Einsamkeitsbelastungen ist die Selbstaussage in Interviews und Umfragen. In Begriffen wie »Einsamkeitsbarometer« stehen die soziologischen an der Seite der meteorologischen Daten. Selbstverständlich ist das nicht.

Anders als bei der Luftdruckmessung sind in der Abfrage von Einsamkeitsbelastungen wegen der Personalunion von Gegenstand und Aufzeichnungsmedium Unschärfen möglich. Beim deutschen Einsamkeitsbarometer 2024 wurden drei Fragen gestellt: »Erstens: Wie oft haben Sie das Gefühl, dass Ihnen die Gesellschaft anderer fehlt? Zweitens: Wie oft haben Sie das Gefühl, außen vor zu sein? Drittens: Wie oft haben Sie das Gefühl, dass Sie sozial isoliert sind?« Die fünfstufige Antwortskala reichte von »nie« über »selten«, »manchmal« und »oft« bis zu »sehr oft«. Die Fragen sind Angebote, Mangelerfahrungen zu formulieren.

Das entspricht der Perspektive der Soziologie. Sie begreift die Einsamkeit vor allem als Mangel an Vergesellschaftung. Begriffe wie »soziale Armut« entspringen dieser Perspektive.[1] Seit 2024 hat auf Basis des von der damaligen Bundesregierung im Jahr 2023 verabschiedeten ressortübergreifenden »Strategiepapiers gegen Einsamkeit« und im Rückgriff auf ältere Daten das »Langzeitmonitoring der Einsamkeitsbelastungen in der Bundesrepublik Deutschland« begonnen.[2] Die terminologische Basisoperation dieser Datenerhebungen ist die Trennung der Einsamkeit als unfreiwilliger Mangelerfahrung vom freiwilligen Rückzug in ein temporäres oder dauerhaftes Alleinsein. »Die Wissenschaft unterscheidet denn auch grob die ›positive‹ von der ›negativen‹ Einsamkeit. Viele Forscherinnen und Forscher halten den Begriff der ›positiven‹ Einsamkeit allerdings für einen Kategorienfehler, der aus einem Teekesselchen resultiert: Gemeint sei in dieser Verwendung des Wortes die Freude am selbst gewählten Alleinsein. Mit dem schmerzhaften Gefühl des Mangels an und in Beziehungen habe die ›positive‹ Einsamkeit daher nur die Bezeichnung gemeinsam, die beide Formen sich aus sprachgeschichtlichen Gründen teilen.«[3]

Das Sprachspiel »Teekesselchen« beruht auf der Verwandlung von Homonymen, also gleichlautenden Worten, die substanziell Verschiedenes bezeichnen, in ein Rätsel. Ein bekanntes Beispiel ist der Schimmel, der sowohl ein weißes Pferd wie den von Schimmelpilzen erzeugten Belag auf Lebensmitteln meinen kann. Die Analogie zeigt, wie sehr den Wissenschaftlern daran gelegen ist, die »positive« von der »negativen« Einsamkeit möglichst weit zu entfernen. In manchen Studien erscheint die »positive« als »Mythos«. Die Sprachgeschichte erscheint in dieser Sicht als Agentin der Verwirrung und Täuschung, die auf einem Wortfeld zusammenführt, was strikt auseinandergehalten werden muss.

Das Argument lässt sich aber auch umkehren. Dann wird die Sprachgeschich-

1 Anne Deremetz, *Einsamkeitsforschung und Digitalisierung*. In: Katharina Block u.a. (Hrsg.), *10 Minuten Soziologie: Digitalisierung*. Bielefeld: transcript 2022.

2 Janosch Schobin / Martin Gibson-Kunze / Céline Arriagada, *Einsamkeitsbarometer 2024. Methodik und ausgewählte Ergebnisse*. In: *Bundesgesundheitsblatt*, Nr. 67, 2024 (https://doi.org/10.1007/s00103-024-03946-x).

3 Janosch Schobin, *Zeiten der Einsamkeit. Erkundungen eines universellen Gefühls*. München: Hanser 2025.

te zum Reservoir von Argumenten sowohl gegen die Verengung der Einsamkeit auf ihre pathologische Dimension wie gegen die Vorstellung, das Wortfeld der Einsamkeit ließe sich in zwei voneinander unabhängige Bezirke aufteilen. Statt der Sortierung in »positive« und »negative« Einsamkeit legt die Sprachgeschichte nahe, die Einsamkeit den elliptischen Begriffen zuzurechnen. Die beiden Pole, zwischen denen sie oszillieren, unterhalten auch dann Beziehungen zueinander, wenn sie, etwa zur Erstellung soziologischer Studien über Einsamkeitsbelastungen, analytisch getrennt werden.

Die analytische Trennung erfolgt nicht selten in der Orientierung an der Differenz zwischen »solitude« und »loneliness« in der englischen Sprache. Das gilt vor allem für die soziologischen Studien, die Korrelationen zwischen Einsamkeit und Ressentiment herstellen und den Gesundheitsrisiken der Einsamkeit die politischen Risiken an die Seite stellen. Gefährdet durch die Einsamkeit ist in diesen Befunden nicht lediglich der soziale Zusammenhang der Gesellschaft, sondern zugleich die Stabilität der parlamentarischen Demokratie. Einsame Menschen, so die These, nutzen politische Partizipationsmöglichkeiten weniger, nehmen weniger häufig an Wahlen teil und wenn sie an Wahlen teilnehmen, sind sie anfälliger für populistische Angebote: »Einsame Menschen neigen zudem eher zu Verschwörungsmythen, und sie billigen eher politische Gewalt, als dies nichteinsame Menschen tun.«[4]

Das Modell der Koppelung von Einsamkeit und Ressentiment ist Hannah Arendts Identifizierung der »loneliness« als Wegbereiterin von Totalitarismus und Terror in *The Origins of Totalitarianism* (1951). Ihre These ist eng mit der Gegenüberstellung von »solitude« und »loneliness« verbunden. »Solitude« ist bei Arendt die Bedingung der Möglichkeit philosophischer Reflexion, im Kern die Fähigkeit, »sich selbst Gesellschaft zu leisten, was letztlich nichts anderes ist als die Fähigkeit zu denken«. Demgegenüber öffnen sich mit Blick auf die Zwischenkriegszeit dort, wo die »loneliness«, die »Verlassenheit«, die dominante Erfahrungsform der Individuen ist, die Einfallstore für den Aufstieg totalitärer Bewegungen.

Doch bleiben bei Arendt in der kontrastiven Gegenüberstellung von »solitude« und »loneliness« beide aufeinander bezogen, und so ist in *Vita activa oder Vom Tätigen Leben* die Erfahrung der Verlassenheit in all ihren Varianten zwar »schlechterdings unerträglich«. Aber es gibt auch in dieser Negativität eine positive, von der religiösen Erfahrung genährte Lebensweise, die freilich als »tätige Güte« an den negativen Weltbezug echter Religiosität gebunden bleibt und aus dem Raum der Öffentlichkeit, der Sphäre politischen Handelns, »in die Gesellschaft Gottes« flüchten muss.

Zieht man nicht lediglich die soziologischen Studien zur Einsamkeit in Betracht, sondern auch das öffentliche Räsonnement der vergangenen Jahrzehnte, so zeichnet sich ab, dass die Einsamkeit in der Alltagssprache mehr und mehr zum Amalgam aus Volks- und Zeitkrankheit wird. Ein präzise abgrenzbares Krankheitsbild muss sie dafür nicht aufweisen.

4 Jens Kersten / Claudia Neu / Berthold Vogel, *Einsamkeit und Ressentiment*. Hamburger Edition 2024.

Das war schon bei der Hypochondrie des 18. Jahrhunderts und der Neurasthenie des späten 19. und frühen 20. Jahrhunderts der Fall. Für die diskursive Ausgestaltung und Modellierung von Zeitkrankheiten – der Terminus entstammt dem 19. Jahrhundert – sind terminologische Unschärfen und Ausfransungen kein Nachteil. Sie sind vielmehr der ideale Nährboden ihrer alltagssprachlichen Universalisierung. Das Berliner Unternehmen Nova Tech Industries hat im Blick auf neun Faktoren, die das Gefühl prägen, allein zu sein, 25 Metropolen begutachtet und den *World's Loneliest Cities Index 2025* erstellt, demzufolge die Bewohner von Köln am wenigsten, die von New York am häufigsten von Einsamkeit bedroht sind.

Die Neurasthenie, von dem amerikanischen Arzt George M. Beard 1869 als Begriff geprägt, war als Medium der Reflexion über die psychophysischen Effekte technisch-zivilisatorischer Modernisierung extrem erfolgreich. Kerndiagnose war die Schwächung der Nerven, leicht konnte sie mit der »Nervosität« verschmelzen, die Großstädte, den modernen Lebensstil, die Eisenbahnfahrten und andere Technologien der Beschleunigung als Ensemble von Risiken der Nervenüberreizung zusammenschließen. Zwanglos ließen sich die Künste, vor allem der Impressionismus in der Malerei, als Kronzeugen der Neurasthenie-Diagnosen aufrufen.

Anders als die Neurasthenie ist die Einsamkeit kein Neologismus. Ihre Sprachgeschichte reicht tief in die Vergangenheit zurück. Bei ihr geht die Universalisierung zur Zeitkrankheit mit der Verengung eines reichen Wortfeldes auf seine pathologische Dimension einher. Nicht, dass die »positive« Einsamkeit gerettet werden müsste. Wohl aber bedarf es der Erinnerung an die Amplitude von Schrecken und Lust, an die Umschwünge und Oszillationen zwischen diesen Polen in der Geschichte der Einsamkeit.

II

Zum festen Bestand des Nachdenkens über die Einsamkeit gehört die Durchdringung von Selbstverhältnis und Weltverhältnis. In Hannah Arendts »solitude« ist Michel de Montaignes *De la Solitude* (1580) anwesend, die Bindung der »wahren Einsamkeit« an die Fähigkeit, mit sich selbst allein sein zu können: »Unsere Seele kann sich auf sich selbst zurückwenden; sie kann sich selbst Gesellschaft leisten; sie ist fähig, den Angriff zu führen, fähig, sich zu verteidigen, fähig, zu empfangen, und fähig, zu geben: fürchten wir nicht, in dieser Einsamkeit vor eintönigem Müßiggang zu verkümmern.« Die Rückseite dieses Gedankens ist – nicht nur bei Montaigne – die Lösung der Einsamkeit von jeder Raumbindung. Auf einsame Orte wie Einöde, Wildnis oder Wüste ist sie nicht beschränkt. Wenn sie im Selbstverhältnis wurzelt, kann sie auch inmitten der Städte und an den Höfen gesucht werden. Sie ist auch in ihrem vermeintlichen Widerpart, der Gesellschaft, zuhause.

Das ist der Traditionsbestand, von dem im späten 18. Jahrhundert die erste diskursive Popularisierung der Einsamkeit ausging. In dem vierbändigen Kompendium des hannoverschen Leibarztes Johann Georg Zimmermann *Ueber die Einsamkeit* (1784/85), das durch eine englische Teilübersetzung europaweit bekannt wurde, wie in dem zweibändigen Lang-Essay *Ueber Gesellschaft und Einsamkeit* (1797/1800) des Popularphilosophen Christian Garve ist die Vorgeschichte einer Soziologie der Einsamkeit zu finden. Beide teilen die aufklärerische Skepsis gegen die Klöster als Brutstätten hypertropher Einsamkeit, beide plädieren für einen Ausgleich zwischen dem »Trieb nach Geselligkeit« und dem »Trieb nach Einsamkeit«, beide erteilen der Einsamkeit begrenzte Lizenzen diesseits der Menschenfeindschaft und hartnäckigen Absonderung. Beide unterscheiden zwischen der aus äußeren Bedingungen hervorgehenden und der gesuchten Einsamkeit der Frommen und der Gelehrten. Beide mustern das Leben in Kleinstädten, an Höfen, um Quellen und Risiken der Einsamkeit zu markieren.

Wenn Garve von der »bürgerlichen Gesellschaft« spricht, verfügt er freilich nicht über den Gesellschaftsbegriff der modernen Soziologie. Die »bürgerliche Gesellschaft« ist bei ihm das Ensemble von Gesellschaften in konkreten Räumen und Situationen, in denen die Individuen physisch zusammentreffen, so wie sie auch in den Romanen des 18. Jahrhunderts geschildert ist. Die Gesellschaft war müde. Man ging zu Bette. Garve kennt die Prunkgesellschaften, Familiengesellschaften, Kaffeehaus-Gesellschaften, die politischen und gelehrten Clubs, die »Gesellschaft auf öffentlichem Markte«. Er erörtert eine Dimension, die noch für die aktuellen Einsamkeitsdiskurse von Belang ist. In der Covid-Epidemie ist sie hervorgetreten, als das Patchwork der an physische Anwesenheit gebundenen temporären Gesellschaften plötzlich durchlöchert war, Hochzeiten und Feste nicht stattfinden, Trauergesellschaften kaum zusammenkommen konnten. Die Erfahrung dieser Durchlöcherung während der Covid-Epidemie ist in die aktuellen Statistiken zur Einsamkeitsbelastung eingegangen.

Eine Sonderlizenz erteilte der Aufklärer Garve, durchgängig misstrauisch gegen Bündnisse von Einsamkeit und Menschenfeindschaft, dem Gang in die menschenleere Natur: »Der Genuß der Natur ist ein Vergnügen, das die Einsamkeit nicht nur erlaubt, sondern das auch fast nur in ihr vollständig möglich ist.«[5] Den Satz hätte Goethes Werther unterschreiben können. Doch nahm sein Autor ihm den unbeschwerten Genuss und erlaubte ihm die Lust an der Einsamkeit nur als Droge, die der Krankheit zum Tode zuarbeitet.

Der junge Ludwig Tieck konnte hier anknüpfen, als er 1797 in seiner Erzählung *Der blonde Eckbert* den Neologismus »Waldeinsamkeit« in die Welt setzte. Er maskierte die Erzählung als »Volksmärchen« aus den Zeiten der Ritter, erfand einen Wundervogel, wie sie darin am Platz sind, ließ ihn das schlichte Lied von der Waldeinsamkeit singen und entwickelte eine Handlung, in der die Figuren nicht waren, was sie zu sein schienen, Verlockung und Wahn unauflöslich verschmolzen. Den Lesern musste schwindlig werden beim Versuch, den Hirngespinsten und Doppelbödigkeiten der Einbildungen auf den Grund zu gehen, der Neologismus aber war erfolgreich und ging in den allgemeinen Wortschatz ein.[6]

Über vierzig Jahre später setzte Tieck einen Bericht über die Einführung des Neologismus in dem Märchen *Der blonde Eck-*

5 Christian Garve, *Sämmtliche Werke.* Vierter Band. Breslau 1801.

6 Hierzu detailliert Heinrich Detering, *Romantik als Zauber und Schrecken. Ludwig Tiecks Erzählung »Der blonde Eckbert«.* Frankfurt: Freies Deutsches Hochstift 2022.

bert an den Beginn seiner letzten Novelle *Waldeinsamkeit*. Ein junger Melancholiker zitiert die Liedzeilen von damals, aber der Zauber der Einsamkeit ist verflogen, längst ist der bei seinem ersten Auftreten angefochtene Neologismus mit seinem zerschlissenen poetischen Gewand »in das alltägliche Geschäftswesen« und in die Zeitungen eingegangen und steht nun an der Seite noch junger Wörter wie »Zunftzwang, Fabrikanstalt, Besserungshaus«. Zumal in den Immobilienanzeigen ist er zur Konvention geworden, »wo ein Gut ausgeboten wird, nicht von großem Umfange, und indem der Verkäufer das Haus, den Garten und die Äcker beschreibt, fügt er hinzu, es finde der Liebhaber zugleich hinter dem Gemüsegarten eine sehr vortreffliche *Waldeinsamkeit*«.[7]

Auch in dieser späten Novelle lauert in der Verlockung der Waldeinsamkeit die Gefahr, aber über die Intrige, die den Helden in ein mitten in der Natur verstecktes Gefängnis führt, herrscht nicht mehr die Einbildungskraft, sondern das ökonomische Kalkül. Als Ralph Waldo Emerson 1867 das deutsche Wort »Waldeinsamkeit« als Titel über ein Gedicht setzte, in dem er die stille Natur gegen den Lärm der Geschäfte setzte, hatte er nicht die späte Novelle, sondern das vorgebliche Volksmärchen aus dem Jahr 1797 im Sinn. Er zitierte, wie die Immobilienanzeigen, den Zauber romantischer Einsamkeit. In dieser Konstellation wird eine Traditionslinie greifbar, die in jüngeren Neologismen wie »Retreat«, der aktuellen Variante der Formel »Gut mit Waldeinsamkeit«, bis in die Gegenwart führt. Leicht lässt sich der von verlockenden Anzeigen beförderte temporäre Rückzug in die Natur der »positiven« Einsamkeit zuschlagen, aber in den Horrorfilmen, in denen über die Rückzugsorte die Katastrophe herein- oder aus dem Wellnessbereich hervorbricht, ist die Erinnerung an den Pol aus Schrecken und Wahn in den Ellipsen der Einsamkeit lebendig.

In den von Heinrich von Kleist herausgegebenen *Berliner Abendblättern* erschienen vom 2. bis 4. Oktober 1810 in drei Teilen *Freimüthige Gedanken bei Gelegenheit der neuerrichteten Universität in Berlin*, verfasst unter einer Chiffre von Adam Müller. Wenige Tage später rückte Kleist einen von ihm selbst gründlich redigierten, gekürzten und umgeschriebenen Aufsatz ins Blatt, den Clemens Brentano unter Mitwirkung von Achim von Arnim über ein Gemälde verfasst hatten, das in jenem Herbst gemeinsam mit der *Abtei im Eichwald* desselben Malers, Caspar David Friedrich, in der Berliner Akademie-Ausstellung zu sehen war: *Empfindungen vor Friedrichs Seelandschaft*.

Schon im ersten Satz war enthalten, was die folgenden Zeilen entfalteten – die eigentümliche Erfahrung, dass vor diesem Gemälde dessen Bildcharakter sich aufzulösen scheint und der Betrachter selbst in der Landschaft zu stehen meint: »Herrlich ist es, in einer unendlichen Einsamkeit am Meeresufer, unter trübem Himmel, auf eine unbegrenzte Wasserwüste, hinauszuschauen.« Es ist aber nicht nur herrlich. Zum Schwinden der Distanz zwischen Betrachter und Bild gehört, dass er selbst zum Kapuziner wird, der aufs Meer hinausblickt, das Bild aber zur Düne, die dem sehnsüchtigen Blick seinen Gegenstand, die See, entzieht. »Nichts kann trau-

7 Ludwig Tieck, *Schriften 1836–1852*. Hrsg. v. Uwe Schweikert. Frankfurt: Deutscher Klassiker Verlag 1986.

riger und unbehaglicher sein als diese Stellung in der Welt: der einzige Lebensfunke im weiten Reiche des Todes, der einsame Mittelpunkt im einsamen Kreis.«

Es gab eine nicht offen zutage liegende Beziehung zwischen dieser Apotheose der Einsamkeit und den zuvor erschienenen Betrachtungen über die jüngst gegründete Berliner Universität. Nachdrücklich forderte Adam Müller die Verpflichtung der neuen Bildungsinstitution auf den preußischen Staat und ihre »vaterländische« Ausrichtung. Mit Verve polemisierte er gegen »die bisherige bloß cosmopolitische Richtung des Gelehrten, wobei dieser Stand zersplittert worden«, mit deutlich antifranzösischem Unterton rief er die eben erst berufenen Professoren zur Ordnung: »Wollen die Gelehrten in diesem bestimmten Preußischen Staate bedeuten, so müssen sie zunächst ihm dienen. Zu einem bloßen Gastmahl für die wissenschaftlichen Gourmands von Europa wird die Universität nicht gestiftet.«

Der in der Gelehrtenrepublik des 18. Jahrhunderts verwurzelte, kosmopolitisch geprägte Geist, den Adam Müller aus der Berliner Universität ferngehalten wissen wollte, hatte einen Namen. Er hieß Wilhelm von Humboldt und trug in seinen Denkschriften über die höheren Bildungsanstalten und die zu gründende Universität zwar dem »praktischen Leben und den Bedürfnissen des Staates« Rechnung, aber unter der Bedingung, dass dieser in einem lediglich »mittelbaren« Verhältnis zur Universität stand. Für die höheren Bildungsanstalten forderte Humboldt: »Da diese Anstalten ihren Zweck nur erreichen können, wenn jede, soviel als immer möglich, der reinen Idee der Wissenschaft gegenübersteht, so sind Einsamkeit und Freiheit die in ihrem Kreise vorwaltenden Prinzipien.«[8]

Die hier adressierte Einsamkeit war nicht die des Mönchs am Meer, obwohl die Erinnerung an die mönchische Gelehrsamkeit, an die alte Verbindung von Einsamkeit, Kontemplation und Meditation sowie womöglich an Bilder des Heiligen Hieronymus im Gehäuse in sie einging. Als Vereinzelung oder gar Selbstisolierung in sich abgeschlossener Gelehrtenmonaden war sie nicht gedacht. In einem Brief an den Philologen Friedrich August Wolf hatte Humboldt am 13. Oktober 1809 aus Königsberg geschrieben, wo er kurz zuvor eingetroffen war: »Einsam im Wagen hatte ich Zeit, über mich nachzudenken, und an Lust fehlte es mir dazu nie. Die Reise hat mir unendlich wohlgethan. Der Umgang von drei einsamen Tagen mit Schoen war mir allein sehr viel werth.«

Der Reisebegleiter Heinrich Theodor Schön, ein tatkräftiger Akteur der preußischen Reformen nach der Niederlage gegen Napoleon, hebt die Einsamkeit nicht auf, sondern bereichert sie. Wie später Hannah Arendt denkt Humboldt Einsamkeit als Gesellschaft mit sich selbst, die das Denken begünstigt. Dazu befähigt zu sein, verlangt er den Professoren der Universität ab. Seine viel belächelte, als Ausgeburt des illusionären Idealismus gescholtene Formel »Einsamkeit und Freiheit« ist im Lichte der Polemik Adam Müllers und seiner Verpflichtung der Gelehrten und der Universität auf den preußischen Staat zu lesen. Sie ist eng mit dem Prinzip ver-

8 Wilhelm von Humboldt, *Ueber die innere und äußere Organisation der höheren wissenschaftlichen Anstalten in Berlin* [1809/10]. In: *Werke*, Bd. IV. Darmstadt: Wissenschaftliche Buchgesellschaft 1964.

bunden, »die Wissenschaft als etwas noch nicht ganz Gefundenes und nie ganz Aufzufindendes zu betrachten, und unablässig sie als solche zu suchen«.

In Sätzen wie diesen nimmt das Projekt der Forschungsuniversität Gestalt an, in der Professoren und Studenten gerade nicht vereinzelt kooperieren. Die »Einsamkeit« ist bei Humboldt das subjektive Äquivalent zur »Freiheit«. In beiden Gliedern der Formel ist angezielt, was später Wissenschaftsautonomie heißen wird. Der letzte, der Humboldts Formel trotz ihrer Belastung durch den Einsamkeitsbegriff ernst nahm, war der Soziologe Helmut Schelsky, der in seinem Buch *Einsamkeit und Freiheit – Idee und Gestalt der deutschen Universität und ihrer Reformen* (1963) die kultur- und bildungspolitische Situation vor und während der Gründung der Berliner Universität minutiös rekonstruierte. Danach wurde Humboldts Formel als fatale Richtungsbestimmung der deutschen Universitäten verabschiedet, die eben, weil sie als unpolitisch entworfen wurde, zu politischen Sündenfällen prädestiniert war.[9] Es ist aber denkbar, dass in Zeiten der Evaluationskaskaden, der zeitverschlingenden Exzellenzanträge und der gesteigerten Verpflichtungen zur Drittmitteleinwerbung Humboldts Formel in revidierter Auslegung doch noch einmal an Attraktivität gewinnt.

Mit zivilgesellschaftlichem Engagement ist sie durchaus vereinbar. Und die Ansprüche, die sie an die mit geistiger Produktivität gekoppelte Einsamkeit stellt, kön-

9 Vgl. Bernd Henningsen, *Einsamkeit und Freiheit. Die humboldtsche Universität und die Politik*. In: Ders. (Hrsg.), *Humboldts Zukunft. Das Projekt Reformuniversität*. Berliner Wissenschafts-Verlag 2007.

nen etwas Befreiendes haben. In Virginia Woolfs Essay *A Room of One's Own* (1929) ist die Forderung nach Zeit, nach ununterbrochenem langem Alleinsein, gekoppelt an die titelgebende Forderung nach einem »Zimmer für sich allein«. Bei dieser Forderung ist nicht an irgendein Zimmer zu denken, sondern an eines, das dem »studiolo« ähnelt, in dem die Gelehrten der Renaissance schrieben und das noch im frühen 20. Jahrhundert Vorbild für die Interieurs meist männlicher Gelehrten und Autoren war. Die materielle Ausgestaltung des Interieurs zu Orten produktiver Einsamkeit und ihre Aneignung als Räume weiblichen Schreibens gehört in die Geschichte der »Einsamkeit als Kulturtechnik«.[10]

Henry James empfahl angehenden Autoren, nur ein Wort auf ihr Banner zu schreiben: »that word is loneliness«. Die Empfehlung zeigt, dass »loneliness«, anders als in der politischen Theorie Hannah Arendts, nicht immer die pure Verlassenheit sein muss, das dunkle, ausweglose, trostlose Gegenüber der »solitude«. Im Briefwechsel zwischen Virginia Woolf und Katherine Mansfield können »solitude« und »loneliness« die Positionen wechseln, je nachdem wo und von welchen Adjektiven begleitet sie auftauchen. Auch hier zeigt sich, wie sehr ihre elliptische Struktur die Sprachgeschichte der Einsamkeit prägt.[11]

Dem Essay *A Room of One's Own* geht im Briefwechsel wie in den Tagebüchern von Virginia Woolf und Katherine Mansfield der Entwurf einer Poetik der Einsamkeit voraus. Euphorisch ist sie nicht. Aber sie umspielt eine Traditionslinie, die für die Gegenwart von Bedeutung sein könnte, die Reflexion über die Einsamkeitsfähigkeit. Denn es ist nur scheinbar plausibel, die Einsamkeitsfähigkeit allein als Privileg der »happy few«, der Gebildeten, Wohlsituierten etc., zu begreifen. Sie lässt sich ebenso gut, wie das Zimmer Virginia Woolfs, als Emanzipationsressource denken. Es wäre keine unsinnige Idee, die Stärkung der Fähigkeit, allein zu sein, in die Präventionsstrategie einzubeziehen, mit der die Pathologien der Einsamkeit eingehegt werden sollen. Allerdings ist nicht die Soziologie für diese Fähigkeit zuständig. In dem Jahrzehnt, in dem David Riesmans *The Lonely Crowd* zu einem der erfolgreichsten Sachbücher wurde, erschien der Aufsatz des Psychoanalytikers D. W. Winnicott *The Capacity to be Alone*.[12] Er begriff Einsamkeit als eines der wichtigsten Elemente im Prozess der Herausbildung emotionaler Reife aller Menschen und verschränkte an ihrem Ursprung individuelle Erfahrung und soziale Situation. Das Fundament dieser Fähigkeit, schrieb er, sei ein Paradox: die kindliche Erfahrung des Alleinseins in Gegenwart eines Anderen.

10 Hierzu Thomas Macho, *Mit sich allein. Einsamkeit als Kulturtechnik*. In: Aleida Assmann / Jan Assmann (Hrsg.), *Einsamkeit. Archäologie der literarischen Kommunikation IV*. München: Fink 2000.

11 Vgl. Melissa Alexander, *»We Talked about Solitude«: Katherine Mansfield, Virginia Woolf, and Affective Bonding*. In: *Critical Quarterly*, Nr. 65/1, Juli 2023.

12 D. W. Winnicott, *The Capacity to be Alone*. In: *International Journal of Psychoanalysis*, Nr. 39, Sept. / Okt. 1958.

Boom und Zerstörung
Russlands Kulturpolitik im Zeichen des Ukrainefeldzugs

Von Kerstin Holm

Begegnungen vor Ort: Neugier und Vorsicht

Ich persönlich habe bei meinen Besuchen in den letzten Jahren in Russland keinerlei Feindseligkeiten erlebt. Die Leute scheinen sich zu freuen, wenn es noch Europäer in ihr Land verschlägt. Wegen der sehr aggressiven staatlichen Propaganda und Desinformation sind viele neugierig auf Informationen von Leuten aus dem Ausland. Jedenfalls fragten mich im vergangenen Sommer wildfremde Frauen (in Samara und im Fernzug dorthin), ob es denn stimme, dass, wie die Staatsnachrichten behaupteten, die Europäer Russen hassten, ukrainische Flüchtlinge sich in Deutschland schlecht benähmen, und dass es verboten sei, in Deutschland mit dem »Z«-Zeichen der Kriegsunterstützer herumzulaufen.

Zugleich sind die Menschen merklich vorsichtiger geworden. Ein paar Beispiele: Ein gutes Jahr nach Beginn der Vollinvasion 2023 kam im Moskauer Schwimmbad noch eine ältere Frau, die ich aus der Zeit, als es viele westliche Ausländer in Russland gab, vom Sehen kannte, auf mich zu, um mir zu sagen, dass sie »das, was da gerade passiert« (also die Großinvasion in die Ukraine), entschieden missbillige. Einige Monate später war ich im Kunstmuseum von Tambow, dort drängte mich die Verkäuferin des Souvenirladens, Christbaumschmuck mit Friedenssymbolik zu kaufen, mit dem Argument, das sei jetzt »sehr aktuell und wichtig«.

In Frühsommer 2025 hörte ich solche Signale nicht mehr. In Moskau lobten vielmehr zweimal fremde Leute, einmal in der Sauna, einmal ein gepflegter Mitpassagier im nagelneuen Bus, ungefragt, wie unvergleichlich schön und komfortabel die Hauptstadt doch sei. Was übrigens stimmt, in puncto Sauberkeit und öffentliche Verkehrsmittel ist Moskau ein Traum. Die Hauptstadt ist aber auch ein eigener Planet, sie saugt die Ressourcen des ganzen Landes auf, und die Folgen der »Militärischen Spezialoperation« in der Ukraine spürt man hier noch vergleichsweise wenig. Allerdings sind auch überall Gesichtserkennungskameras installiert, in der Metro, in Bussen, an Hauseingängen. Die Mutter einer emigrierten Journalistin, die ich in einer Metro-Station traf, versicherte mir, die glänzende Hülle täusche, die kulturelle Substanz darunter sei weitgehend zerstört.

Tatsächlich waren gerade in Moskau vor der Vollinvasion besonders viele demokratische Künstler und Aktivisten tätig. Sie waren aber auch besonders stark von der Ausreisewelle und von Verhaftungen betroffen, auch die Schließung von Theatern und die Umstrukturierung beziehungsweise Schließung von Museen betraf vor allem die Hauptstadt: die Tretjakow-Galerie und das Puschkin-Museum bekamen neue Direktorinnen ohne kunsthistorische Qualifikation; das Gulag-Museum und das Memorial-Museum wurden geschlossen. Die verbliebenen Regimegegner etwa an den Hochschulen oder im Verlagswesen sind nicht mehr öffentlich sichtbar, einige Künstler (etwa vom teatr.doc) und Aktivisten (Memorial) arbeiten mehr oder weniger im Untergrund.

Kulturboom in Kriegszeiten

Die Atmosphäre von Angst, Selbstzensur und extremer Vorsicht, die die immer repressiveren Gesetze und Zensurregeln sowie die Prozesse gegen im Kulturbetrieb Tätige erzeugt haben, betrifft natürlich das gesamte Land. Dass der Zensur-Boom seit der Vollinvasion von einem von staatlichen und privaten Geldern finanzierten Kultur-Boom begleitet wird, ist dabei nur auf den ersten Blick paradox.

Die Kulturförderung soll internationales Prestige einbringen, das gegen ukrainische und westliche Vorwürfe russischer Barbarei geltend gemacht werden kann. Zugleich soll das Kulturleben vor dem Hintergrund des Kriegsgeschehens Normalität im Innern demonstrieren, die Repressionen übertönen und Feststimmung erzeugen. Und natürlich soll es die Leute im Sinn von Patriotismus und traditionellen Werten auch ästhetisch-kulturell erziehen beziehungsweise umerziehen.

Die Kunst des gesprochenen und geschriebenen Wortes steht dabei naturgemäß besonders im Fokus. Gleich nach Beginn der Großinvasion im Frühjahr 2022 wurden die letzten liberalen Medien wie der Radiosender Echo Moskwy und die Zeitung *Nowaja Gaseta* geschlossen. Nach der Schließung des Gogol-Zentrums und des Meyerhold-Zentrums in Moskau ist dort als renommierte Sprechbühne noch das Kammertheater »Innenraum« *(Prostranstwo wnutri)* verblieben, dort läuft etwa immer noch das nach 2022 herausgekommene dokumentarische Stück *Hiroshima* über die Folgen der Atomexplosion, das indirekt auf das derzeitige Kriegsgeschehen verweist. Es wird gespielt von dem Frauenensemble »Sosos Töchter«, das die wegen »Terrorismus« im Gefängnis einsitzende Schenja Berkowitsch gegründet hat. Der dreißig Jahre alte Regisseur des Stückes, Alexander Plotnikow, hat Russland inzwischen verlassen.

Eine weitere nach wie vor wichtige Moskauer Bühne ist das Theater der Nationen, wo in der letzten Saison der Regisseur Anton Fjodorow (Jahrgang 1981) *Don Quijote* inszeniert und aktualisiert hat, als Geschichte eines verwahrlosten alten Tyrannen irgendwo in einem lateinamerikanischen Kriminellenmilieu, der sich Wahnideen von »Traditionen« angelesen hat und diese seiner Umgebung mittels terroristischer Übergriffe aufzuzwingen versucht – was offensichtlich auf das Putin-Regime anspielt. Die Aufführung arbeitete mit anspielungsreichen Wortwitzen wie der Formel vom »Ritter von der traurigen Gestalt«, auf russisch abgekürzt RPO, was an RPZ, die Abkürzung für Russisch-Orthodoxe Kirche, erinnert, die Russland ja in eine vermeintlich bessere Vergangenheit zurücktreiben will. Das Premierenpublikum lachte dankbar. Solch etwas spitzfindiger Humor, wie er heute auf russischen Bühnen anzutreffen ist, erschließt sich für Außenstehende nicht ohne Weiteres. Moskauer Gesprächspartner sagten mir, diese an Sowjetzeiten erinnernde Lachkultur habe etwas Sklavisches an sich.

Russische Büchervernichtung

Die Buchbranche blieb länger frei, dorthin flossen keine staatlichen Gelder, und die Staatsmacht war bis zur Großinvasion der Ansicht, Bücherlesen sei ein eher elitäres Vergnügen für wenige. Einige Tabuthemen gab es schon vor 2022, zum Beispiel die nationale Unabhängigkeit der Ukraine oder das Nation Building überhaupt, zumal von Nationen auf dem Territorium des Russischen Imperiums. Auch Bücher, die die Soros-Stiftung Open Society publiziert hatte, wurden schon in den Zehnerjahren aus Bibliotheken entfernt, unabhängig von ihrem Inhalt; die Soros-Stiftung gilt seit 2015 als unerwünschte Organisation.

Nach 2022 wurden dann auch internationale NGOs wie Transparency International, Greenpeace, der WWF, politische Stiftungen wie die Heinrich-Böll- oder die Friedrich-Ebert-Stiftung sowie das Deutsche Historische Institut (DHI) zu in Russland unerwünschten Organisationen erklärt. Nach jedem dieser Verbote mussten Bibliotheken und Verlage die Bücher, die mit Unterstützung dieser Institutionen produziert worden waren, aus ihren Beständen entfernen, ebenfalls unabhängig von ihrem Inhalt, der oftmals politisch neutral war. Die Ordnungshüter veranstalteten Razzien in Bibliotheken, oft aufgrund von Denunziationen, also mussten Bibliothekare und Verlagsleute immer mehr Titel aus dem Programm beziehungsweise den Regalen nehmen, verschenken oder vernichten, weil ihnen sonst Strafzahlungen drohten oder Schlimmeres. In vielen Regionen sind langjährige, verdiente Bibliotheksmitarbeiter wegen vermeintlicher Sympathie für westliche Werte entlassen worden. Seit 2022 sind außerdem Vergleiche des NS-Regimes mit dem Stalinismus, wie sie insbesondere osteuropäische Totalitarismustheoretiker ziehen, ein Straftatbestand, entsprechende Bücher oder Artikel müssen ebenfalls aus Regalen und von Webseiten entfernt werden.

Die Grundlage für einen richtigen Feldzug gegen das Verlagswesen war jedoch das Gesetz, das die öffentliche Moral vor Propaganda von LGBT schützen soll. Es wurde 2022 verabschiedet und definiert die »internationale LGBT-Bewegung« (die es nicht gibt) als »extremistische Organisation«. Jede Erwähnung von Homosexualität, die diese nicht verdammt, kann als Propaganda gelten. 2024 wurde das Gesetz erweitert um das Verbot der so genannten »Propaganda der Childfree-Ideologie«, also Propaganda für Kinderlosigkeit. Damit sind jegliche Äußerungen über negative Aspekte des Kinderkriegens verboten (ein ähnliches Verbot ist unlängst auch in China in Kraft getreten).

Der erste Verlagsprozess wurde 2023 gegen den Moskauer Kleinverlag Popcorn Books eröffnet wegen des Buchs »Ein Sommer mit Pionierhalstuch« *(Leto w pionerskom galstuke)*, das von der Freundschaft zweier junger Pioniere in später Sowjetzeit erzählt, die in homoerotische Liebe übergeht. Das Buch (mit »18+« gekennzeichnet) war im ersten Jahr der Großinvasion 2022 ein Bestseller, sehr zum Entsetzen von Kremlpatrioten wie Nikita Michalkow oder dem Schriftsteller Sachar Prilepin. Michalkow und Prilepin betrachteten es zudem als Provokation, dass auf dem Buchumschlag die Passage aus der russischen Verfassung zitiert wurde, wonach Zensur verboten ist. Große Buchhandlungen und Online-Vertreiber nahmen das

Buch damals aus ihrem Angebot; es gab jedoch Restbestände, wer wollte, konnte es weiterhin finden.

Als Organ der Postfaktum-Zensur gründete der russische Buchverband, die Interessenvertretung der Branche, ein kontrollierendes »Expertenzentrum«. Darin ist die Überwachungsbehörde Roskomnadsor vertreten, die vom Putin-Vertrauten Wladimir Medinski geleitete Militärisch-historische Gesellschaft, aber auch die Russisch-Orthodoxe Kirche. Auf Empfehlung dieses »Expertenzentrums« stellte der Großverlag Eksmo-AST den Vertrieb von Wladimir Sorokins Roman *Das Erbe* ein, außerdem den der Romane *Giovannis Zimmer* von James Baldwin und *Ein Zuhause am Ende der Welt* von Michael Cunningham. All diesen Büchern wird das Behandeln nichttraditioneller sexueller Praktiken vorgeworfen.

2024 erschienen auch erstmals Bücher mit geschwärzten Seiten: Im *Tagebuch vom Ende der Welt* der emigrierten Autorin Natalja Kljutscharjowa,[1] das der mutige Petersburger Limbach-Verlag herausgebracht hatte, erschien immer wieder ein schwarzer Balken anstelle des Wortes »Krieg«. Bei der Übersetzung von Roberto Carneros Pasolini-Buch *Morire per le idee* beim Verlag Eksmo-AST wurde etwa ein Fünftel des Textes geschwärzt, alles, was mit Pasolinis Homosexualität zu tun hat. In der Übersetzung von Salman Rushdies *Knife* bei Corpus waren Passagen geschwärzt, in denen der Autor Putin als Tyrannen bezeichnet. Im Sommer 2025 verschickte der Buchverband an die Verlage ein »Merkblatt«, das ihnen rät, bei jedem Verdacht auf verbotene Inhalte zum schwarzen Marker zu greifen. Es gibt dabei keine klaren Spielregeln, potenziell »gefährliche« Themen und Aussagen sind sicherheitshalber zu meiden.

Seit diesem Sommer (anderen Quellen zufolge seit 2024) setzt Eksmo-AST zudem eine Künstliche Intelligenz ein, die Manuskripte vorab auf das Vorhandensein von nichttraditioneller sexueller Orientierung, Drogen, kinderlosem Lebensstil, suizidalen Gedanken, Extremismus durchleuchtet, woraufhin sie aussortiert werden. Der Leiter der Abteilung für die Unterstützung von Verlagen im Digitalministerium, Wladimir Grigoriew, kündigte für Ende Oktober 2025 an, seine Behörde werde für sämtliche Verlage eine KI bereitstellen, die neue und alte Bücher auf »gefährliche Inhalte« checkt. Laut Grigorjew könnten infolgedessen 4 bis 5 Prozent aller seit 1990 erschienenen russischen Bücher verboten werden.

Im Mai 2025 fanden Razzien in einigen Verlagen, bei Verlagsmitarbeitern sowie intellektuellen Buchhandlungen in Moskau, Sankt Petersburg und Nowosibirsk statt. Dabei wurden etwa tausend Bücher beschlagnahmt, die auf keiner Verbotsliste standen, von Thomas Mann, Walter Benjamin, Hannah Arendt bis Susan Sontag. Die Ordnungshüter nahmen sie möglicherweise mit, weil sie ausländisch, intellektuell anspruchsvoll, also »fremd« sind. Die Sicherheitsbeamten haben bestimmte Quoten zu erfüllen.

In Moskau wurden drei Mitarbeiter von Eksmo-AST verhaftet und verhört. Sie hatten in den Kleinverlagen Popcorn Books und Individuum, die Eksmo-AST übernommen hat, gearbeitet und einst dort Bücher produziert oder vertrieben,

1 Natalja Kljutscharjowa, *Tagebuch vom Ende der Welt*. Aus dem Russischen von Ganna-Maria Braungardt. Berlin: Suhrkamp 2023.

die LGBT-Themen berührten und damit aus Sicht der Behörden »Extremismus« propagieren. Eksmo-AST verschickte daraufhin in vorauseilender Selbstzensur an die Buchläden eine Liste mit fünfzig seiner Bücher, die vernichtet werden müssten. Andere Verlage folgten diesem Beispiel. Die drei Verlagsangestellten stehen unter Hausarrest und warten auf ihren Strafprozess.

Ein besonders effizientes Repressionsinstrument ist die Einstufung als »ausländischer Agent«.[2] Unter den davon betroffenen Autoren sind die bekanntesten Boris Akunin, Dmitri Bykow, Dmitri Gluchowski, Ljudmila Ulizkaja. Die beiden populärsten, Akunin und Bykow, wurden zudem kriminalisiert, mithilfe einer Provokation der Kreml-Prankster Wowan und Lexus. Diese gaben sich bei einem Videoanruf bei Akunin als der ukrainische Präsident Selenskyj aus, bei Bykow als Selenskyjs Vertrauter Andrij Jermak, und sie entlockten beiden Unterstützungsbekenntnisse für die Ukraine, die in Russland strafbar sind. Akunin wurde im vergangenen Jahr in absentia zu vierzehn Jahren Gefängnis verurteilt, Bykow wurde zum »Terroristen« erklärt und bekam in absentia sieben Jahre.

Bücher von »Ausländischen Agenten« dürfen infolge der jüngsten Gesetzesverschärfung zudem seit dem 1. September 2025 nicht mehr in Buchläden verkauft werden. Viele anspruchsvolle und von Razzien betroffene Buchläden (wie der Moskauer Falanster) und ebensolche Verlage (wie der Petersburger Limbach-Verlag oder die Neue Literarische Umschau NLO, die viele »ausländische Agenten« im Programm hatten) hatten daher vor dem 31. August ihre Restbestände mit großen Rabatten verkauft. Das neue Gesetz verbietet den »Ausländischen Agenten« nämlich jegliche Bildungsaktivitäten. Läden oder Verlage, die ihre Bücher im Programm behalten hätten, wären von staatlicher Unterstützung abgeschnitten worden. Das heißt, sie hätten nicht mehr an städtischen Wettbewerben teilnehmen und keine Bücher an Schulen oder Bibliotheken liefern dürfen. Bücher »ausländischer Agenten« sind noch über den Online-Handel, antiquarisch oder über inoffizielle Kanäle zu bekommen. Ihr Besitz ist noch nicht verboten. Aber angesichts der Eigenlogik der Repressionsmaschine, die immer nur weiter voranschreitet, sind Beobachter überzeugt, dass ein solches Verbot nur eine Frage der Zeit ist.

Z-Schriftsteller

Zugleich wird die russische Literatur durch viele neue Buchmessen, Buchfestivals und neue Schriftstellerresidenzen gerade in

2 Der juristische Status der »ausländischen Agenten« wurde 2012 eingeführt, zunächst für Bürgerinitiativen, die Geld aus dem Ausland erhielten, dann für Medien, schließlich für Personen. Die Kriterien für die Zuerkennung des Status sind immer willkürlicher geworden, die mit ihm verbundenen Auflagen wurden zugleich ständig verschärft. »Ausländische Agenten« müssen quartalsweise Rechenschaft über Einkommen und Ausgaben ablegen, dürfen nicht unterrichten oder an Bildungsaktivitäten beteiligt sein, seit 2025 müssen sie alle Einkünfte aus intellektueller Arbeit oder dem Verkauf oder der Vermietung von Eigentum auf ein Sonderkonto abführen. Sie sind in Russland sozial tot. So wird eine unabhängige Zivilgesellschaft an der Wurzel ausgemerzt. Vgl. hierzu auch Alexander Blankenagels Beitrag *»Wir haben das Beste gewollt, aber raus kam das Gleiche wie immer«* in diesem Heft.

den Regionen vom Staat verstärkt gefördert. Insbesondere auch die so genannten Z-Schriftsteller. Diese Autoren besingen den Ukrainefeldzug und würden die zensurbereinigte Flur gern besetzen, werden aber zu ihrem Leidwesen kaum gelesen. Ihre Gedichtbände wurden 2024 noch in hauptstädtischen Buchläden prominent platziert, sie sind aber kommerzielle Flops, im Frühsommer 2025 lagen sie irgendwo im untersten Regal oder waren gar nicht zu finden. Die Gesellschaft ist kriegsmüde, da der Ukrainefeldzug aber weitergeht, versuchen die meisten, ihn zu verdrängen.

Ikone und Mentor aller Z-Autoren ist der fünfzig Jahre alte Schriftsteller, Politiker und Kriegsveteran Sachar Prilepin, der selbst im Donbass (und zuvor in Tschetschenien) gekämpft hat. Prilepin leitet jetzt das militärische Ausbildungslager »Stal« (Stahl) in der Region Nischni Nowgorod, wo auch aufstiegswillige Kulturfunktionäre trainieren. Als literarischer Stratege hatte er schon im Jahr 2017 in seinem Buch »Heereszug« *(Wswod)* über die »Offiziere und Verteidiger der russischen Literatur« hervorgehoben, die Klassiker wie Alexander Puschkin, Michail Lermontow oder der Begründer der russischen Philosophie Pjotr Tschaadajew hätten ihrem Land auch militärisch treu gedient und seien bereit gewesen, für dessen Interessen zu töten und zu sterben. Lermontow diente als Offizier der russischen Expansion im Kaukasus, Tschaadajew kämpfte im Abwehrkrieg gegen Napoleon.

In seiner Videosendung »Sachars Schlüssel« *(Kljutschi Sachara)* vereinnahmt Prilepin zudem Dichtergrößen des 20. Jahrhunderts, die von der Sowjetmacht verfolgt wurden, für die patriotische Revanche, er kodiert sie um. In der Sendung vom 4. Mai 2025 erklärte er den aus seinem Land vertriebenen Poeten Joseph Brodsky, der sein Leben lang die Sowjetmacht schmähte, zum russischen Imperialisten und Verächter der Ukraine: wegen seines sarkastischen Gedichts auf die Unabhängigkeit der Ukraine von 1991. In der Sendung vom 24. August 2025 huldigte Prilepin den Dichterinnen Marina Zwetajewa und Anna Achmatowa, lobte ihrer beider Werk, aber auch, dass sie in der Sowjetunion Stilikonen gewesen seien. Zugleich wehrte er sich gegen die Rezeption beider Dichterinnen als Opfer des Sowjetstaats.

Vier propagandistische Typen

So wenig erfolgreich die Z-Autoren bei der russischen Leserschaft sind, so symptomatisch sind sie doch mit ihrer Präsenz als Kulturbotschafter, mit ihren Telegram-Kanälen und als Propagandisten für die russische Invasionsarmee. Vier Figuren möchte ich kurz vorstellen, die unterschiedliche Typen in diesem Genre repräsentieren.

Eine der Bekanntesten ist die siebenunddreißig Jahre alte Poetin und Kriegsreporterin Anna Dolgarewa, die sich 2014 in ihrer ostukrainischen Heimat Charkiw der Anti-Maidan-Bewegung angeschlossen hatte. Sie zog damals in die prorussische Donezker »Volksrepublik« um und brach mit ihren Verwandten, die dem ukrainischen Staat gegenüber loyal waren – damit ist sie eine für viele Ostukrainer beispielhafte Figur. Für Dolgarewa sind Ukrainer, die gegen Russland kämpfen, fehlgeleitete »Brüder«. Als orthodoxe Christin betet sie in ihren Gedichten für die russischen Soldaten, im Fall ihres Heldentodes prophezeit sie ihnen, sie würden sofort ins Paradies kommen. Sie betet aber auch für ukrainische Wehrdienstleistende, also Krieger der Gegenseite, die nur ihre Pflicht tun und keine Führungsfunktion haben.

Im Frühjahr 2025 präsentierte Dolgarewa in Russland ihr Kriegstagebuch »Ich bin hier keine Frau, sondern ein Fotoapparat«. Sie porträtiert darin zum einen Kämpfer für die separatistischen Volksrepubliken, die ihr begegnet sind, darunter viele radikal-idealistische Kommunisten, Anarchisten, aber auch orthodoxe Christen, die aus allen Teilen Russlands in den Donbass kamen. Und sie berichtet vom Dauerbeschuss der Volksrepubliken durch die ukrainische Armee, die viele Zivilisten und insbesondere Kinder getötet haben soll. Ihrer Meinung nach machte das den Einmarsch 2022 nötig. Nach Beginn der Großinvasion besuchte Dolgarewa das zerstörte Mariupol, aber auch das frisch eroberte Melitopol. Sie berichtet von proukrainischen Demonstrationen, sprach dann aber nur mit prorussischen Einwohnern, von denen einige Ukrainisch sprachen. Sie zitiert deren Klagen über die ukrainische Armee, insbesondere über das legendäre Asow-Regiment, das als besonders nationalistisch gilt. Dolgarewa notiert Erzählungen von Mariupolern, wonach Asow-Soldaten Leute aus ihren Wohnungen geworfen und sich dort einquartiert hätten. Einige hätten Zivilisten um Essen und Geld angegangen oder ihnen verboten, russisch zu sprechen. Manche hätten sogar auf Zivilisten geschossen. Ihre Gesprächspartner fanden, das zeige, dass sie Nazis seien, schreibt Dolgarewa.

Der Petersburger Dichter Alexander Pelewin, siebenunddreißig Jahre alt, flirtet mit dem Bösen und kultiviert die höhnische Pose gegenüber den Hoffnungen der demokratischen Opposition. Pelewin hat in der Vergangenheit mit NS-Ästhetik gespielt. Zu Beginn des Ukrainefeldzugs schrieb er sarkastische Spottverse über das Gutmenschentum der Dissidenten und die Vernichtung von Regimekritikern, er pries seine »böse, schreckliche, finstere« Heimat mit ihren »Sklaven und blutigen Orks«, wie die Russen tatsächlich von Ukrainern genannt werden. Inzwischen gibt Pelewin sich seriöser, er hat einen Sammelband herausgebracht mit dem Titel »Das unendliche weiße Licht«, der überwiegend ältere und zahmere Gedichte enthält. Darin steht aber auch das Gedicht, das die geschlagene liberale Opposition verhöhnt. Es heißt darin »Danke, dass wir nicht das wunderbare Russland der Zukunft geworden sind«. Danke, dass wir nicht öko-friendly geworden sind, dass wir unsere Sprache nicht verkauft haben, sondern die »tödliche russische Rede von Puschkin bis Limonow tönen und brennen« wird wie die glühende Sonne.

Literarisch und intellektuell ambitionierter ist der ebenfalls in Petersburg lebende Autor German Sadulajew, Sohn eines Tschetschenen und einer Russin, dessen Roman *Ich bin Tschetschene* 2009 auch auf Deutsch erschienen ist. Sadulajew, zweiundfünfzig Jahre alt, publizierte voriges Jahr den Roman »Niemand hält dieses Leben aus« *(Nikto ne wywosit etu schisn)*, dessen russischer Titel mit den lateinischen Lettern Z und V gesetzt war, ein Signal, dass der Autor den Ukrainefeldzug unterstützt. Der Romanheld ist ein depressives, tablettenabhängiges Alter Ego Sadulajews mit Lolita-Komplex. Im Traum verwandelt dieses sich körperlich in ein Russland, das die Intelligenzija wie seinen Darminhalt ausscheidet. Sein Romanheld, der 2014 für die Separatisten im Donbass gekämpft hat, sehnt den großen Ukrainekrieg herbei wie eine Testosteron-Entladung. In dem Text, der als reflektierender innerer Monolog über die archaisch bleibende Menschheit geschrieben ist, entflieht die Figur der Petersburger Tristesse mit einer Hilfsmission für die Front in der Ukraine. Dort erlebt er allerdings einen ganz anderen Krieg, in dem mobilisierte Soldaten von ihren Vorgesetzten bestohlen und verheizt werden.

Einen authentischen Einblick in die Menschenvernichtungsmaschine des Krieges bietet der Fronterfahrungsbericht des Jekaterinburger Historikers und Ex-Geschäftsmanns Daniil Tulenkow mit dem Titel »Sturm Z«. Tulenkow, sechsundvierzig Jahre alt, war kurz vor Beginn der Großinvasion wegen Wirtschaftsvergehen zu Gefängnishaft verurteilt worden und zog 2023 freiwillig an die Front, um seinen guten Namen wiederherzustellen. Sträflinge wie er würden von der Armeeführung in den fast sicheren Tod geschickt, direkt in feindliche Stellungen oder in die von allen Seiten beschossene, von keiner Seite kontrollierte »Graue Zone«, notiert Tulenkow, der an der Abwehr der ukrainischen Gegenoffensive in der Region Saporischschja beteiligt war. In seinem Telegram-Kanal spricht Tulenkow von »industrieller Menschenvernichtung«. Verwundete, die sich dem Feind ergäben, würden fast immer erschossen, von Russen wie von Ukrainern, keiner wolle und könne sich mit ihnen belasten. Fast alle seiner Kameraden seien umgekommen.

Heute lebt Tulenkow wieder in Jekaterinburg und erlaubt sich auf seinem Telegram-Kanal erstaunliche Freiheiten. Er schreibt, Russland habe sich einem Banditen ausgeliefert, den er wie Putin charakterisiert, ohne ihn beim Namen zu nennen. Er findet das allerdings angesichts der Erniedrigung seines Landes im Jugoslawienkrieg 1999 alternativlos – die internationale Politik bezeichnet er als einen Kampf von Raubtieren. Die Ukrainer nennt er stets derb »Chochly«, bekundet aber auch Respekt für sie, ihr Selbstbehauptungskampf sei echt, sie identifizierten sich mit ihrem Land, schreibt Tulenkow – im Gegensatz zu Russland, das von der Machtelite privatisiert worden sei und wo nur chancenlose Provinzler für viel Geld in den Krieg zögen. Im Unterschied zur Kremlpropaganda glaubt Tulenkow nicht, dass Russland die Ukraine assimilieren und »verdauen« könne, vielmehr glaubt er, dass sein Land wegen seiner demografischen und wirtschaftlichen Misere einen Frieden brauche.

Das Buch von Tulenkow, der eine sehr radikale Erfahrung verarbeitet, hat von allen erwähnten die höchste Auflage, zehntausend Stück. Es war bei meinem letzten Moskau-Besuch ein Geheimtipp unter Intellektuellen. Das Kriegstagebuch von Dolgarewa kam auf nur viertausend Exemplare, der Roman von Sadulajew sogar bloß auf zweitausend. Das Publikum, das sich für Literatur über den Ukrainefeldzug begeistert, ist eine kleine Blase, die Mehrheit der russischen Leser bevorzugt eskapistische Genres, etwa für junge Erwachsene oder romantische Fantasy.

Revanche der (geistig) Minderbemittelten

Die mit dem Friedensnobelpreis ausgezeichnete und jetzt in Russland weitgehend zerschlagene Gesellschaft Memorial hat mehr als dreißig Jahre lang daran gearbeitet, den Staatsterror der Sowjetepoche, aber auch neuere Menschenrechtsverletzungen zu dokumentieren, mit Publikationen, Ausstellungen, Filmvorführungen, Aufsatzwettbewerben. Viele Mitarbeiter und Freunde von Memorial fragen sich jetzt, da ihr Lebenswerk weitgehend in Scherben liegt, was sie falsch gemacht haben könnten. Ich sprach darüber mit einer Moskauer Künstlerin, die aus einer nichtrussischen Wolgaprovinz stammt und in einem wichtigen Museum der Hauptstadt arbeitet, das wie alle wichtigen Museen unter großem politischem Druck steht. Diese Künstlerin sagte mir bei unserem Treffen, Memorial habe wirklich großartige didaktische Arbeit geleistet, aber möglicherweise sei der Abgrund zwischen Intelligenzija und Volk in Russland unüberbrückbar.

In der Bevölkerung gibt es ein antiintellektuelles Ressentiment, das von den Sicherheitsorganen instrumentalisiert wird. Die Künstlerin glaubt, dass die kreative Klasse an diesem Ressentiment einerseits selbst mit schuld sei, weil sie die an Kunstschaffen desinteressierte Mehrheit verachte, zu der beispielsweise auch ihre Eltern gehörten. Die Künstlerin meint zudem, es sei eigentlich unvermeidlich, dass die Mehrheit der Russen in einer Welt der Märchen und Mythen lebt – derzeit etwa mit dem Märchen, dass der Westen Russland zerstören wolle. Dieses Bild wird durch Propaganda, Zensur und die Blockade unabhängiger Medien geschaffen. Dabei hilft die Größe des Landes, sie isoliert die Leute. Nur eine Minderheit hat einen Pass für Auslandsreisen, die meisten haben keine Chance, andere Länder zu sehen, sie haben nicht einmal die Chance, das eigene Land zu erkunden. Auch der erwähnte, dem Regime gegenüber loyale Verleger und Philosoph spricht von einer katastrophalen Primitivisierung der Kultur und des Humankapitals.

Russland hat in den dreißig Jahren nach dem Ende der Sowjetunion in den Geisteswissenschaften und der Kultur eigenständige Stimmen und Figuren hervorgebracht, die international konkurrenzfähig und gefragt waren. Die öffentlich sichtbarsten, strahlkräftigsten von ihnen sind ausgereist, neben den Prominenten wie Kirill Serebrennikow, Wiktor Jerofejew, Wladimir Tarnopolski ganze Heerscharen von Universitätsgelehrten, Lehrern, Journalisten, Museumsleuten, Verlegern, Ökonomen, Ärzten, Musikern, Mathematikern.

Die verbliebenen »liberalen« Hochschulgelehrten haben sich von leitenden Positionen zurückgezogen, sie treten nicht mehr an die Öffentlichkeit. Wissenschaftlern sind Kontakte zu Institutionen im westlichen Ausland verwehrt. Wenn sie westliche Kollegen treffen wollen, müssen sie beim Inlandsgeheimdienst FSB Rechenschaft darüber ablegen. Ganze Lehrstühle für Mediävistik, Politologie oder Soziologie wurden geschlossen. Die fortschrittliche Moskauer Schaninka-Hochschule durfte 2025 keine neuen Studenten mehr aufnehmen, sie wird möglicherweise in ein paar Jahren schließen müssen. Die internationale Assoziation für Slawische, Osteuropäische und Eurasische Studien ASEEES wurde 2025 zur »unerwünschten Organisation« erklärt, russische Philologen können an ihren Veranstaltungen nicht mehr teilnehmen. Es gibt vielfältige inoffizielle Lehrveranstaltungen, inoffizielle Aktivitäten von Memorial oder die Online-Seminare der Freien Universität (ebenfalls eine »unerwünschte Organisation«), die emigrierte Wissenschaftler für anonyme russische Interessenten kostenlos abhalten, sie können den Schaden nur minimal begrenzen.

Bildende Kunst: Boom der Privatmuseen

Besser steht es um die Bildende Kunst. Sie wird auch stark zensiert, doch in der Kunstszene gibt es weit weniger »ausländische Agenten« und Strafprozesse. In den staatlichen Museen sind die Mitarbeiter eingeschüchtert und genervt, weil sie ständig dem Kulturministerium Rechenschaftsberichte vorlegen müssen, sagte mir ein Museumskollege in Moskau. Doch während die Tretjakow-Galerie ihre Abteilung für Zeitgenössisches geschlossen hat, ist zugleich ein Boom für zeitgenössische Kunst zu verzeichnen. Das liegt zum einen an den westlichen Sanktionen, das viele Geld im Land sucht nach attraktiven Luxusobjekten, und vielen Leuten gehen die propagierten »traditionellen Werte« auf die Nerven.

Jedenfalls machte im September die Moskauer Kunstmesse Cosmoscow Rekordumsätze, auch die Graphikmesse Kontur in Nischni Nowgorod im Mai meldete Spitzenverkäufe. Zugleich wurden beide Veranstaltungen zensiert. Bei Cosmoscow kamen die Zensoren zweimal: einmal während der Montage und dann bei der Vorbesichtigung, sie sollen ganze Lastwagenladungen von Kunstwerken aussortiert haben. In Nischni Nowgorod wurde bei Kontur eine Graphikschau verboten, die der Moskauer Sammler Anton Koslow zeigen wollte.

Zugleich gibt es immer mehr private Kunstmuseen. In Moskau veranstaltet das vom Ölmagnaten Leonid Michelson 2021 eröffnete Kulturzentrum GES-2 hochkarätige Ausstellungen. In Nischni Nowgorod organisierte die Moskauer Galerie Triumph im Sommer 2025 erstmals eine grandiose internationale Kunstbiennale zum Thema Ökologie mit Arbeiten von einhundertfünfzig Künstlern aus Asien, Südamerika, Russland, aber auch aus Italien und Frankreich. Allerdings wurden auch dort etwa zehn Künstler herauszensiert, sie hatten in sozialen Netzwerken Sympathie für die Ukraine bekundet. In Susdal zeigt das private Kulturzentrum MiraZentr zeitgenössische Kunst. Im Dezember wurde in Moskau ein großes neues Privatmuseum des Baulöwen Andrej Moltschanow mit Namen »Kollekzia« eröffnet, und in Samara die grandios erweiterten Schau- und Residenzräume der Galerie »Viktoria«, geleitet von der ersten Frau des genannten Michelson, der aus dieser Region stammt.

Es gab auch eine Ausstellung mit Werken kriegsbegeisterter Propagandakünstler im Moskauer Sarjadje-Park mit realistischen, sakral aufgeladenen Gemälden russischer Krieger oder einem Porträt Puschkins, der eine Pistole auf den Betrachter richtet. Die Schau trug einen Titel aus der Johannes-Offenbarung: »Und ich sah eine neue Erde und einen neuen Himmel«; sie war allerdings spärlich besucht.

In Moskau kultiviert zudem der Sohn von Alexander Dugin, der Künstler und Kurator Dmitri Chworostow, eine »dunkle« Ästhetik in der zeitgenössischen Kunst. Chworostow ist künstlerischer Leiter des Wosnessenski-Zentrums, er unterhält einen Telegram-Kanal namens »Souveräne Kunst« *(Suwerennoje iskusstwo)*, wo er Beiträge von Curtis Yarvin, des Vordenkers der »dunklen Aufklärung« in den USA, postet. Chworostow positioniert sich ideologisch als Eurasier wie sein Vater. Die von ihm kuratierten Kunstschauen etwa vom

»Dunklen Tauwetter« oder »Mystischen Dissidententum« richten den Fokus auf die rationalitätsfeindlichen, mystischen, sektiererischen Aspekte der sowjetischen Nachkriegskunst. Chworostow erzählte mir, in den Zehnerjahren hätten westliche Kuratoren russischen Künstlern erklärt, ihr Land müsse erst einen Mindeststandard an sozialer Gerechtigkeit erreichen, bevor sie in globalen Fragen mitdiskutieren könnten. Die Liberalen hätten mittels Konzepten wie Marktmacht und Menschenrechten versucht, die Kontrolle von Staaten über ihre Bürger, also ihre Souveränität, zurückzuschneiden. Deswegen begrüßt Chworostow es als Sieg eines politischen Realismus, dass das Gewaltelement in die internationalen Beziehungen zurückgekehrt sei.

Russische Argumente

Russland definiert sich als eigenständige, byzantinisch-eurasisch geprägte Zivilisation, mit ihren eigenen souveränen Auffassungen von Freiheit, Menschenrechten, Recht und Moral. Westliche oder innerrussische Kritik an Menschenrechtsverletzungen und Rechtsverstößen im Land erscheinen aus dieser Sicht als von einer globalen liberalen Elite gesteuert, die Russlands Souveränität beschränken will.

Die Schwachstelle bleibt freilich die Legitimation des Feldzugs als gerechter Krieg. Russische Propagandisten schmähen das Kiewer Regime als faschistisch und als illegitimes Produkt eines Staatsstreichs, obwohl die klassischen Merkmale des Faschismus – Führerkult, militarisiertes System, Sakralisierung des Staates, Medienzensur – in Russland eher zu beobachten sind als in der Ukraine und obwohl der ukrainische Präsident im Gegensatz zum russischen aus freien Wahlen mit echter Kandidatenkonkurrenz hervorging.

Ich habe bei meinen kremltreuen Gesprächspartnern keine schlüssige Antwort auf die Frage bekommen, was den ukrainischen Faschismus ausmacht und woran man ihn erkennt. Ein Priestermönch eines ultrakonservativen Moskauer Klosters sagte ganz offen, das Gerede vom ukrainischen Faschismus sei Unsinn. Bei zynischen Kriegsbloggern konnte man zu Beginn der Großoffensive lesen, Ukrainer würden als Faschisten geschmäht, um bei Russen die Tötungshemmung auszuschalten. Als ich dem Kunstkurator Chworostow diese Frage stellte, sagte er, als faschistisch gelte die Idee eines ukrainischen Nationalstaates – »wahrscheinlich« *(nawernoje)* setzte er hinzu, er hatte keine klare Meinung und fand es offenbar auch nicht wichtig.

Eine Erklärung für die argumentative Leerstelle findet sich, wenn man die Diskurstechnik des russischen Präsidenten analysiert, wie es der Münchener Professor für slawische Literatur Riccardo Nicolosi in seiner 2025 erschienenen Studie *Putins Kriegsrhetorik* getan hat. Putin doziert und monologisiert (etwa über das ukrainische »Nazitum«) beweisfrei, er erklärt oder untermauert nichts – denn damit würde er sich auf eine Stufe mit dem Adressaten stellen. Er exekutiert vielmehr die machtgestützte Deutungshoheit von oben nach unten. Das buchstäblich schlagende Argument dabei ist (staatliche) Gewalt. Bezeichnenderweise trägt der Gummiknüppel, mit dem russische Polizisten friedliche Demonstranten verprügeln, den Produktnamen »Argument«.

Zum Elend der Juristen und des Rechts in Russland

Von Alexander Blankenagel

»Wir haben das Beste gewollt«, hat der für treffende Sprüche *(tschernomyrdinka)* berühmte ehemalige russische Ministerpräsident Wiktor Tschernomyrdin einmal bei einer Pressekonferenz 1993 geäußert: »aber raus kam das Gleiche wie immer.« Der Spruch könnte für die russischen Juristen geprägt worden sein. Sie leben und arbeiten in einem Staat, der für das Recht und damit auch für sie wenig Achtung und wenig Verwendung hat. Haben sie Anteil daran, dass dieser Staat und diese Gesellschaft das Recht so gering schätzen? Hätten sie eine Chance gehabt, die neuerliche Entrechtlichung Ende der neunziger Jahre zu verhindern? Oder hat die UdSSR noch von dem Abfallhaufen der Geschichte aus, auf dem sie (nur vordergründig überraschend) gelandet war, dafür gesorgt, dass alles mehr oder weniger so blieb, wie es vorher gewesen war?

Nach dem Zusammenbruch der UdSSR kam es in den neunziger Jahren zur Schaffung einer neuen Rechtsordnung für die neuentstandene Russische Föderation. Die große Stunde der Rechtswissenschaftler schien gekommen. Schon vorher, in der nachstalinistischen UdSSR, waren sie über ihre wissenschaftlichen Institute durch Aufträge für Musterentwürfe und Beratung in die Gesetzgebung integriert gewesen. Jetzt war ihre theoretische und rechtsvergleichende Expertise gefragt. Zwar war die Politik sich darüber im Klaren, dass die eigenen Rechtswissenschaftler genauso wie alle anderen nur begrenzte Kenntnisse von der neuen Welt hatten, in die man sich aufmachen wollte; man wollte aber auch nicht alles den ausländischen Beratern überlassen, aus nationalem Stolz und aus berechtigtem Misstrauen gegenüber den in Russland einfallenden Beraterheeren, die zwar in ihren eigenen Rechtssystemen sehr fachkundig waren, aber von der sowjetischen Welt und ihrem eigenartigen Recht größtenteils keine Ahnung hatten.

Diese Ambivalenz von nationalem Stolz und heimlicher Neugierde erfuhr ich immer wieder in Beratungen und Diskussionen mit meinen russischen Kollegen. Als im Sommer 1991 das russische Verfassungsgericht gegründet und 13 der 15 gesetzlich vorgesehenen Richter gewählt worden waren, war ich zufälligerweise in Moskau und wurde als Informationsquelle für alle möglichen Fragen gesucht. Einen damals von dem Präsidenten des Gerichts, Waleri Sorkin, ausdrücklich gewünschten und mit ihm vereinbarten Einführungskurs in wesentliche Elemente der Judikatur des deutschen Verfassungsgerichts habe ich dann aber nach kurzer Zeit abgebrochen: Keiner der Richter konnte es mit seiner Selbstachtung vereinbaren, daran quasi wie ein Student teilzunehmen. Deswegen hatten alle ihre Mitarbeiter geschickt, die ziemlich desinteressiert ihre Stunden absaßen: Die UdSSR ließ schön grüßen.

Alle Richter, mit denen ich bei anderer Gelegenheit ins persönliche Gespräch kam, konnten es freilich mit ihrer Selbstachtung durchaus vereinbaren, mir bei der Gelegenheit eben jene Fragen zu stellen, die Thema des Einführungskurses gewesen wären. Die Richter und auch die sonstigen Juristen, mit denen ich Kontakt hatte, wussten sehr wohl, dass, was im Westen funktionierte, in Russland wahrscheinlich nicht funktionieren würde. Ansonsten wussten sie wenig und manchmal auch nichts, aber im Übrigen alles besser. Kinder des sowjetischen Rechts, gingen sie wie selbstverständlich davon aus, dass das Recht, wie immer in der russischen Welt, unwichtig sein und deswegen solide juristische Kenntnisse und solides juristisches Arbeiten ebenso unnötig sein würden.

Nur ein Beispiel: Sergej Pašin, Autor des ersten Verfassungsgerichtsgesetzes im Jahr 1991, erzählte mir, er habe das Gesetz in einer Nacht geschrieben; er erzählte dies ohne Scham und ohne Stolz – *chaltura*, also desinteressiert-oberflächliche Arbeit, auch im neuen Staat. Bei der Erwartung, da werde sich nichts groß ändern, handelte es sich um eine *self-fulfilling prophecy*. Es blieb erwartungsgemäß dabei, dass im Zweifel die Macht und nicht das Recht bestimmend waren.

Die Schaffung der russischen Verfassung sollte das bestätigen: Der Präsident löste auf eindeutig verfassungswidrige Weise das Parlament auf; das damals, im Herbst 1993, noch mutige Verfassungsgericht enthob ihn daraufhin in einer etwas fragwürdigen Nachtsitzung des Amtes. Die Armee schlug sich auf die Seite des Präsidenten und schoss das Parlament zusammen. Und, es muss gesagt werden: Die Spitzen der westlichen Politik applaudierten ganz gegen ihre rechtlichen Grundsätze, wie übrigens auch 2014 beim Machtwechsel in der Ukraine. Die große Stunde war so groß also nicht. Gleichwohl wuchs quasi als Wechsel auf die Zukunft der Status der Juristen: Denn es schien klar, dass die Bedeutung des Rechts in der neuen Welt erheblich zunehmen musste und zunehmen würde, in Abkehr vom sowjetischen Rechtsnihilismus.

Zunächst kam es allerdings zu einem neuen und ganz anderen Rechtsnihilismus. Der Staat war viel zu schwach, um gegenüber der Gesellschaft und der neuentstehenden Privatwirtschaft die Einhaltung seiner Rechtsordnung durchzusetzen. Wegen des Systemwechsels hätten die Machthaber in vielen Fällen auch gar nicht gewusst, auf der Einhaltung welcher Rechtsnormen des alten Rechts man hätte bestehen sollen: Diese passten meist nicht mehr, und ihre Adressaten sahen keinen Grund, sich an sie zu halten. Das alte Recht störte beim Überleben, wegen des Zusammenbruchs der Versorgung mit lebensnotwendigen Gütern, der Nichtzahlung der Löhne und Gehälter und der Vernichtung der Rücklagen durch die Inflation. Die Schwäche des Staates und die schon immer existierende Käuflichkeit seiner Amtswalter ließen Rechtstreue als sinnlos erscheinen.

Für viele boten der Systemwechsel und das rechtliche Chaos jedoch die große Chance, auf die sie in der inneren Emigration des Sozialismus gewartet und gehofft hatten. Möglichkeiten zum Reichwerden gab es überall, unter anderem unter Umgehung des noch geltenden alten Rechts. Sie »besorgten« sich etwa Exportlizenzen für Rohstoffe, kauften diese dann zu sowjetischen, staatlich regulierten Preisen in der UdSSR, später in der Russischen Föderation und verkauften sie im Ausland zu Weltmarktpreisen: Die finanziellen Gewinne waren gigantisch. Das sieche alte wie auch das noch in seinen Kinderschuhe steckende neue Rechtssystem wurden auf dem Altar des plötzlichen und neuen Reichtums geopfert.

Die Juristen, die in dieser neuen Welt mitmachten, wurden je nach Geschick wohlhabend, reich oder sehr reich. Es waren, wenn ich nach meinen persönlichen Bekanntschaften gehe, ausgesprochen dynamische, aber durchaus auch mit Vorsicht zu genießende Personen. An dem neuentstehenden Rechtssystem hatten sie wenig Interesse; die Geschäfte ihrer Auftraggeber und Mandanten basierten häufig auf mafiösen Strukturen, in den späten 1990er Jahren bot ihnen überdies eine zunehmend korrupte Verwaltung ein schützendes »Dach« (*kryša).*

Juristische Beratungsleistungen waren daher in den Jahren nach dem Zusammenbruch der UdSSR zum großen Teil weniger rechtlich als vielmehr »allgemein vermittelnd«. Das änderte sich erst zum Ende der neunziger Jahre hin, als das Rechtssystem dem neuen Wirtschaftssystem allmählich angepasst worden war und die Unternehmer und ihre juristischen Berater erkannten, dass legales Verhalten auch eine Reihe von Vorteilen bot. Aber diese zweckrationale und situative Befolgung des neuen Rechts beinhaltete nicht dessen substanzielle gesellschaftliche Aufwertung, weder bei den Unternehmern noch bei den Juristen, noch in der Bevölkerung.

Es kam allerdings zu einer ganz besonderen »Sowjetisierung« des neuen Rechts. Die sowjetische Gesellschaft hatte eine große Meisterschaft in der Schaffung von schönen Fassaden. Überall, bei jeder Gelegenheit und in einem System von Versammlungen, Konferenzen und ähnlichem wurde der Sozialismus gelobt, die Einheit von Partei und Volk und die baldige Verwirklichung des kommunistischen, paradiesischen Gemeinwesens bekräftigt. Diese vertraute Struktur eines Potemkin'schen Sozialismus wurde nun für die Fassade des prächtigen Gebäudes von Grundrechten, Rechtsstaat und Föderalismus genutzt. Die Menge der damit befassten Literatur explodierte geradezu, allerdings ohne dass sich die Qualität der Bücher verbessert hätte. Wie auch schon in der UdSSR bestand deren Inhalt im Wesentlichen in der Wiedergabe des Inhalts der Gesetze; Verweise auf die Rechtsprechung, mit Ausnahme der quasinormativen, sogenannten leitenden Auslegungsrichtlinien des Obersten Gerichts, waren zunächst selten. Wozu auch, werden die Autoren sich gedacht haben, wenn sie doch in der Praxis ohnehin keine Bedeutung haben.

Konferenzen, auf denen die Fortschritte auf dem Weg zu Demokratie, Rechtsstaatlichkeit, Grundrechten und Föderalismus beschworen wurden, fanden hingegen überall und in großer Menge statt, ob in Moskau und St. Petersburg oder auch in den Hauptstädten der Regionen; schließlich stand für solche Unternehmungen westliche und, wenn auch in geringerem Umfang, russische Finanzierung zur Verfügung. Wie bei Konferenzen in Russland allgemein üblich, waren die Teilnehmer, abgesehen von der Eröffnung, eher sporadisch anwesend. Im persönlichen Gespräch und bei Nachfragen hörte ich immer wieder ein resignatives »Na, Sie, der Sie uns so gut kennen und unsere Sprache sprechen, wissen doch, wie es bei uns funktioniert.« Dass man nicht alles zugleich ändern kann, wusste ich schon seit einem von mir durchgeführten empirischen Projekt zur Perestrojka aus dem Jahr 1987; dass das Ändern so lange dauern würde, hatte ich damals allerdings nicht vermutet.

Mit dem Beginn des neuen Jahrtausends wurde der ehemalige Chef des Geheimdiensts und ehemalige Ministerpräsident zum kommissarischen und dann durch die

Wahl von 2000 zum demokratisch legitimierten Präsidenten. Man erinnert sich an die Frage eines US-amerikanischen Journalisten, als Putin 1999 seinen atemberaubenden Aufstieg begann: »Who the hell is Mr. Putin?« Was mich betrifft und viele Russen, mit denen ich damals sprach, hätten wir das auch nicht beantworten können. Zugleich konnten wir uns nur schwer vorstellen, dass das gutgehen würde, denn Putin war zwar in der Tat Jurist, aber eben auch Tschekist. Und es wurde schnell klar, dass diese Skepsis berechtigt war: Wer verkündet, dass er »die Diktatur der Gesetze« anstrebe, zeigt, dass er das Wesen eines nach Interessenausgleich und Gerechtigkeit strebenden Rechtssystems schlicht nicht verstanden hat oder nicht verstehen will. Die Idee einer Diktatur der Gesetze verabsolutiert den im Gesetz liegenden Befehl; sie versteht das Recht als große, nach einem bestimmten starren Konstruktionsplan funktionierende Maschine und die in welcher Berufsrolle auch immer rechtsanwendenden Juristen als Subsumtionsautomaten, die den im Gesetz formulierten staatlichen Befehl automatenhaft verwirklichen. Die Ankündigung Putins versprach eine gnadenlose Ordnung, schien auf den ersten Blick aber immerhin den Rechtsnihilismus, also die Umgehung und das Vollzugsdefizit des Rechts, zu beenden.

Die Diktatur kam tatsächlich, allerdings war es keine des Rechts. Von dem im Reformeifer der Neunziger begründeten rudimentär rechtstaatlichen System blieb nichts mehr übrig, von der glänzenden Fassade einmal abgesehen. Hinter ihr richteten sich der alte Rechtsnihilismus und der neue Adel aus den Machtministerien und -institutionen, die Silowiki, gemütlich ein. Paradigmatisch dafür war das Ausscheiden Putins aus dem Präsidentenamt nach zwei Amtsperioden. Die verfassungsrechtliche Begrenzung auf zwei Amtszeiten wurde mit peinlicher Genauigkeit und unter Verweigerung einer vielfach vorgeschlagenen Verfassungsänderung beachtet. Allerdings blieb Putin als »Ministerpräsident« faktisch der Präsident in dieser Tandemokratie, wie sie umgangssprachlich und auch in der Presse genannt wurde.

Charakteristisch für das russische Fassaden-Recht war und ist (man spricht vom wildgewordenen Drucker) die rege gesetzgeberische Tätigkeit der Föderalen Versammlung, also von Duma und Föderationsrat. Vieles, was vorher in untergesetzlichen oder gar in internen Rechtsakten geregelt worden war, wurde jetzt in föderalen Gesetzen so geregelt, wie es die Verfassung vorschrieb. Beachtet wurde allerdings nur der formelle Gesetzesvorbehalt; die inhaltliche Übereinstimmung der Gesetze mit der Verfassung war eine *cura posterior*. András Sajó hat diese Art von Rechtsstaatlichkeit in seinem Buch *Ruling by Cheating* als Mimikry eines Rechtsstaats bezeichnet. Die Juristen machten bei dieser Mimikry ohne Murren mit, die der Duma bei der Schaffung der Gesetze, die Strafverfolgungsbehörden und die Richter bei deren Anwendung, auch wenn die Gesetze noch so zweifelhaft waren, und die anderen Juristen, wo immer sie auch tätig waren.

Das Verfassungsgericht, durch die abstrakte und konkrete Normenkontrolle sowie die Verfassungsbeschwerde für seine Aufgaben eigentlich hervorragend aufgestellt, entdeckte Ende der neunziger Jahre die angenehme Möglichkeit der Ablehnung von Verfassungsbeschwerden oder Anträgen als unzulässig; vorher hatte es von dieser Möglichkeit kaum Gebrauch gemacht. Soweit es zur Sache entschied, erfüllte es bei der verfassungsgerichtlichen Absegnung der Gesetze und sonstigen Staatsakte mithilfe einer sehr und häufig zu großzügig verstandenen verfassungskonformen Auslegung alle Erwartungen der Machthaber. Das Tabu übermäßiger juristischer Verbiegungen – der Wortlaut als Grenze der verfassungskonformen Auslegung – wurde allenfalls in den damals noch häufigen Sondervoten thematisiert (die man mittlerweile der Einfachheit halber nach einer entsprechenden Gesetzesänderung nicht mehr veröffentlicht).

Meinem persönlichen Eindruck nach waren das Recht und die Juristen wieder in die alten Gleise – die sozialistischen oder vielleicht sogar die noch älteren – zurückgefallen. Überdeutlich wurde das für mich, als ich über längere Zeit an einem EU-geförderten Projekt zur Verbesserung des russischen Föderalismus teilnahm. Fast alle Russen, die bei diesem Projekt mitarbeiteten, sprachen sich hundertprozentig für den Föderalismus aus – sofern er nur strikt zentralistisch organisiert war. Ob sie das nun selbst für richtig hielten oder aber dem Druck der für das Projekt zuständigen Abteilung der Präsidialadministration nachgaben, vermag ich nicht zu sagen.

Wie sehr bereits in den ersten zwölf Jahren unter Putin und Medwedew die autoritären Schrauben angezogen wurden, zeigen etwa die Extremismus-Gesetzgebung von 2006 oder auch die immer restriktivere Gesetzgebung zu öffentlichen Versammlungen. Den Abschied von den Vorsätzen und Träumen der neunziger Jahre symbolisiert der Rücktritt des für seine freiheitsorientierten und rechtsstaatliche Grundsätze im Strafrecht und auch in anderen Rechtsgebieten verfechtenden Sondervoten berühmten – oder je nach Sichtweise auch berüchtigten – Verfassungsrichters Anatoli Kononow. 2009 ging er nach einer ekligen Hexenjagd wegen »Verstoßes gegen die richterliche Ethik« vorzeitig in den Ruhestand; er hatte im Anschluss an ein Interview seines Kollegen Wladimir Jaroslawzew in der spanischen Zeitung *El País* öffentlich von einem Korruptionsproblem in der russischen Richterschaft gesprochen (und damit nur Putin zitiert, was ja eigentlich nicht hätte falsch sein dürfen). Als ich ihn nach dem Rücktritt einmal traf und fragte, wie es ihm denn gehe, antwortete er: Ganz hervorragend, nachdem er endlich dieses schreckliche, präsidentenhörige Verfassungsgericht verlassen habe.

All diese Entwicklungen schafften die Bedingungen, die Putin für seine absolute Herrschaft haben wollte. Spätestens 2012 war das Rechtssystem faktisch entleert. Die Juristen in Rechtsprechung, Verwaltung und auch Rechtswissenschaft hatten gleichgültig dabei mitgeholfen. Im persönlichen Gespräch klagten sie zwar regelmäßig über die immer stärker werdenden autoritären Tendenzen und über die Kastration der demokratischen Institutionen durch die Präsidialadministration, das neue Politbüro und Zentralkomitee. Aber wenn es darauf ankam, bei irgendwelchen offiziellen und öffentlichen Anlässen, sangen sie klaglos das Lied des Meisters. Was die Älteren angeht, liegt der Gedanke nahe, dass sie dieses Doppelspiel noch aus Sowjetzeiten gewohnt waren. Allerdings habe ich denselben Zynismus auch bei jungen Juristen beobachtet. Selbst in Planspielen, in denen ich häufig als Richter fungierte, war für die teilnehmenden Studentinnen und Studenten so gut wie jede Norm bis zur Unkenntlichkeit verhandelbar.

Natürlich gab es Ausnahmen; das allgemeine Bild aber war eine Berufsgruppe, die ängstlich die Schultern hoch- und den Kopf eingezogen hatte. Im Übrigen hatte Putin, der den Kapitalismus soweit verstanden und verinnerlicht hat, dass er alles und alle für käuflich hält, sie gekauft, durch eine erhebliche Verbesserung der Bezahlung und durch Investitionen in die institutionelle Ausstattung der Gerichtsbarkeit.

Dabei stand die Blütezeit des neuen und doch so alten repressiven Rechtsnihilismus erst noch bevor. Es begann mit den drakonischen Reaktionen auf die Protestdemonstrationen gegen die Rückkehr von Putin auf den Präsidentenposten im Jahr 2012. Simultan zur harten Abstrafung der Protestler wurde mit der Gesetzgebung zu den ausländischen Agenten ein Werkzeug geschaffen, mit dem man zunächst NGOs und andere Organisationen, später auch Medien, und schließlich, mit dem Beginn des offenen Kriegs gegen die Ukraine im Februar 2022, auch natürliche Personen in eine gesellschaftsinterne Verbannung schicken konnte. Schon der Titel des Gesetzes in der Fassung von 2022 macht mit der Fokussierung auf »Personen, die sich unter ausländischem Einfluss befinden«, dessen Ausweitung klar.

Gleichzeitig wurde die russische Gesellschaft mit den guten alten traditionalen Werten und gegen den dekadenten Westen und die faschistische Ukraine indoktriniert. Das in den neunziger Jahren ausgerufene, wenn auch nur rudimentär erreichte Ziel, ein »zivilisierter Staat« und ein das Völkerrecht achtendes Mitglied der Gemeinschaft der Völker der Welt zu werden, wurde Schritt für Schritt zu Staub zermahlen.

In klarem Widerspruch zu Art. 15 Abs. 4 der Verfassung, der das Primat völkerrechtlicher Verträge vor den föderalen Gesetzen regelt, erließ die Duma im Dezember 2015 ein Gesetz, wonach die Entscheidungen des Europäischen Gerichtshofs für Menschenrechte nicht umgesetzt werden durften, wenn sie der russischen Verfassung widersprachen. Dieses Gesetz setzte eine kurz zuvor ergangene Entscheidung des russischen Verfassungsgerichts um, das schon länger wegen einer Reihe von Entscheidungen mit dem Europäischen Gerichtshof für Menschenrechte gehadert hatte. Die Duma war sich auch sonst für keine repressive Gesetzgebung zu schade. Exekutive und Strafverfolgungsbehörden taten alles, was die Machthaber von ihnen erwarteten.

Die Fachgerichtsbarkeit wendete vor allem in politisch heiklen Fällen die repressiven Gesetze brav und streng an. Richtervorlagen an das Verfassungsgericht, die es zuvor, vor allem in den neunziger Jahren, häufig gegeben hatte, und verfassungsrechtliche Erwägungen in den Entscheidungen hatten Seltenheitswert. Es hätte auch wenig genutzt. Die repressiven Gesetze erhielten vom Verfassungsgericht regelmäßig den Stempel der Verfassungsmäßigkeit. Das Gericht entwickelte hier geradezu einen eigenen Stil, indem große und schöne Worte abstrakt den Inhalt des jeweiligen Grundrechts beschrieben und dann das Gericht bei der konkreten Subsumtion von seinen verfassungsrechtlichen Höhenflügen nichts mehr wissen wollte und so gut wie alles nach dem Motto durchwinkte, dass »die Macht« nun einmal immer Recht hat.

Einer der wenigen Juristen, die da nicht einfach mitspielten, war der Verfassungsrichter Konstantin Aranowski; er wurde, als nach dem Angriff auf die Ukraine solche Außenseiter und Abweichler für die Mächtigen nicht mehr tragbar waren, dazu gebracht, das Gericht freiwillig zu verlassen. 2020 rückten die nächsten Präsidentenwahlen allmählich (sehr allmählich, die Wahl stand für das Jahr 2024 an) näher, bei denen Putin nach zwei Amtszeiten nicht mehr hätte antreten können. Er kündigte daraufhin eine grundlegende Verfassungsänderung an. Anfangs keimte Hoffnung auf, dass damit eine Verlagerung der Macht vom Präsidenten auf die beiden Häuser des Parlaments verbunden sein könnte. Doch Putin und seine Entourage hatten zu scherzen beliebt. Ergebnis der Verfassungsänderung war in der Version für die dritte Lesung eine signifikante Zunahme der Macht des Präsidenten, vor allem auch im Verhältnis zur dritten Gewalt. Die Juristen spielten in dieser Farce ihre gewohnte jämmerliche Rolle. Die in der Duma arbeiteten gehorsam die gewünschten Änderungen aus, die in der entscheidenden dritten Lesung von dem anwesenden Präsidenten gnädig gutgeheißen wurden.

Aus heiterem Himmel kam dann in dieser dritten Lesung der »unerwartete und spontane« Vorschlag der Duma-Abgeordneten und (sehr) ehemaligen Kosmonautin Walentina Tereschkowa, die bisherigen vier Amtszeiten des Präsidenten auf null zu stellen. Auch diese spät im Verfahren eingebrachte, in der Sache sicherlich schon seit dem Januar 2020 feststehende Ergänzung »fand die Billigung des Präsidenten«.

Das war ein offener Verfassungsbruch. Die sehr eindeutig als ausschließlich geregelten zwei Verfahren der Verfassungsänderung wurden missachtet, stattdessen wurde der Bevölkerung mit einem Placebo-Referendum eine genuine Entscheidung über die Verfassungsänderung vorgegaukelt. Das russische Verfassungsgericht fand bei all dem nichts Falsches: Die strenge Regelung von ausschließlich zwei Verfahren der Verfassungsänderung bedeute ja nicht, dass es nicht noch andere Verfahren der Verfassungsänderung geben könne (man fragt sich, was es denn sonst bedeuten soll), und inhaltlich sei auch alles in Ordnung.

Aus der Rechtswissenschaft kam Kritik nur von den wenigen, die auch die vorherigen Entwicklungen immer wieder und jedes Mal erfolglos kritisiert hatten. Mit einem befreundeten Juristen, einem Berater des Verfassungsgerichts, korrespondierte ich per Mail über die Verfassungsänderung und die diese absegnende Entscheidung des Verfassungsgerichts; ich nannte es einen Selbstmord des Gerichts. Er schrieb mir zurück, dass er mir nur zustimmen könne; aber öffentlich geäußert hat er diese Kritik natürlich nirgendwo. So wenig wie die anderen Juristen. Die meisten machten das, was sie und Generationen von Juristen vor ihnen immer schon bei solchen Systemwechseln gemacht hatten: Sie dachten sich eine Begründung oder gar eine neue Theorie dazu aus, so etwa den »östlichen Konstitutionalismus«, dem die Zukunft gehöre.

Die verdeckte Funktion dieses Verfassungsbruchs wird in der Retrospektive klar, es handelte sich um eine Botschaft des Präsidenten und seiner Machteliten an die Bevölkerung: Wenn ihr diesen offenkundigen Verfassungsbruch mit eurer Abstimmung gutheißt, dann heißt ihr damit gleichzeitig alles gut, was ich/wir in der Zukunft machen werde/n; ihr werdet widerspruchslos wie die Lemminge folgen, wohin auch immer wir euch führen werden.

Seit dem Angriff auf die Ukraine hat die Repression ein Ausmaß erreicht wie zu Stalins Zeiten. Im Unterschied zu damals hat man mittlerweile verstanden, dass es gar nicht nötig ist, große Mengen von Menschen umzubringen oder einzukerkern. Es reicht eine begrenzte, die Gesellschaft einschüchternde Anzahl. Von außen betrachtet sind die Folgen für die Gesellschaft verheerend; das wird aber von vielen Gesellschaftsmitgliedern nicht so empfunden, weil sie nichts anderes kennen als einen Staat, in dem das Recht kaum funktioniert – abgesehen vom Strafrecht, das freilich weniger als Recht denn als eine Variante der ewigen Repression wahrgenommen wird. Nun funktioniert es eben noch ein wenig schlechter. Was diesen Punkt angeht, hat Putin sein unheilvolles Versprechen von der Diktatur der Gesetze erfüllt. Dazu leistet die zynische Missachtung des Rechts durch den ständigen Rechtsbruch der Eliten (auch ganz unabhängig von der mit dem Ukrainekrieg legitimierten Repression) das Ihrige für dessen Erosion: Für meine Freunde alles, für euch, die Bevölkerung, die maßgeschneiderten Gesetze.

Die russische Gesellschaft nimmt die neue und alte Rechtlosigkeit auch deswegen hin, weil die Machthaber sie gekonnt mit den alten panslawistischen und aufklärungsfeindlichen Mythen vor allem des 19. Jahrhunderts verführt, wenn nicht gar hypnotisiert haben. Westliche Kultur und Zivilisation seien vom Wahn des Individualismus befallen; sie hätten keine Seele und kennten keine Werte außer dem Geld. Die heilige Ordnung der Welt werde dort aufgelöst und der gleichgeschlechtlichen sündigen Liebe Vorschub geleistet. Es ist der Ofen, an dem man sich seit langem und immer wieder wärmt. Die da im Westen, diese seelenlosen Vernunftautomaten, mögen besser leben als wir; wir aber haben eine Seele und sind ihnen moralisch unendlich überlegen!

Mit dem Krieg gegen die Ukraine hat man dann bei den Mythen noch etwas draufgelegt. Der Westen ist jetzt gar satanistisch, und Russland, der ewige Katechon, rettet wieder einmal die Welt vor dem Antichristen. Da ist es nicht weiter schlimm, wenn die Späne des Rechtssystems durch die Gegend fliegen, ganz im Gegenteil. Schon immer war es so, dass es nicht auf die Zerstörungen ankommt, die der Katechon anrichtet, sondern auf seine bewunderungswürdige Kraft und auf den Sieg über den Antichristen.

Es liegt in der Logik dieses Denkens, dass das russische Verfassungsgericht sich von der Judikatur des Europäischen Gerichtshofs für Menschenrechte losgesagt hat. Streitpunkt in der einstmals ziemlich harmonischen Beziehung der beiden Gerichte waren zwei Fälle gewesen, in denen das Verfassungsgericht die heilige Souveränität des heiligen Russlands beeinträchtigt sah. Mit dem Austritt beziehungsweise Rauswurf aus dem Europarat ist man die lästige Straßburger Judikatur los (wenn auch nicht – wegen Art. 17 der Verfassung – die lästige Relevanz der Europäischen Menschenrechtskonvention).

Bei der Mehrzahl der Juristen löste die große Wende nach dem Beginn des Ukrainekriegs ebenso wenig ungute Gefühle aus wie die kleinen, die ihr vorausgegangen waren. Die systemtreuen unter ihnen verbuchten sie als Korrektur der schrecklichen Fehler der achtziger und neunziger Jahre des letzten Jahrhunderts. Aber auch die Mehrzahl der Kollegen, die nicht an ewige Mythen glauben, hat bei diesen Wenden in zentraler Funktion mitgemacht und ihren beruflichen Selbstmord ohne Murren vollzogen. Widerstand haben sie nicht geleistet, weil sie sich nicht mit der Staatsmacht anlegen wollten, weil sie ihr geordnetes Leben, ihre Karriere, ihre Familien und was auch sonst noch immer nicht gefährden wollten. Es gibt so viele Gründe, weshalb man sich wegduckt, wenn ein Sturm weht. Gefährdet wären wohl vor allem ihre Stellen und ihre Karrieren gewesen; zu strafrechtlichen Sanktionen gegen Richter hätte das System sich wohl kaum und schon gar nicht am Anfang des Weges in den Autoritarismus aufgeschwungen. Warum haben sie alle mitgemacht, wenn doch das Risiko überschaubar war? Sie glauben nicht an das Recht und nicht an sich selbst als Juristen; sie verschließen sich der Einsicht, dass das Recht nur auf der Grundlage gerade ihrer Ernsthaftigkeit und Gewissenhaftigkeit bei seiner Anwendung Struktur und Orientierung für Gesellschaft und Staat sein kann. Sie reihen sich damit ein in die Generationen ihrer Vorgänger, der stalinistischen und der poststalinistischen sowjetischen Juristen.

Es wäre schon viel gewonnen, wenn die Juristen von heute die Normen, die sie in ihrer Tätigkeit anwenden, ernst nähmen und sich bei deren Anwendung nicht servil überlegen würden, wie denn wohl »die Macht« die betreffende Norm angewendet haben will. Aber dazu reicht es nicht: Eine Ausbildung, bei der die Ausbilder so still wie selbstverständlich von der Nebensächlichkeit des Rechts ausgehen, eine Geschichte des Rechts, die im Wesentlichen eine Geschichte seiner Bedeutungslosigkeit und zum Teil auch des Unrechts ist und sich als solche tief in das kollektive Bewusstsein eingegraben hat, und eine soziale Wirklichkeit, in der die Mächtigen der Gesellschaft das »paradiesische« Trugbild des »richtigen, moralischen, göttlichen/orthodoxen Rechts« vorgaukeln, das Recht aber im Leben der Gesellschaft, wenn überhaupt, dann eine völlig untergeordnete Rolle spielt – wie sollen da Juristen von der Wichtigkeit ihrer Arbeit überzeugt sein, und wie sollen da junge Menschen zu von der Wichtigkeit dieses Rechts überzeugten Juristen werden; wie sollen sie – die, die das Recht verwirklichen – sich als Juristen ernst nehmen? Es kam das Gleiche raus wie immer – was immer man auch gewollt hat.

Die Bibliotheken der Boomer

Von Heinz Bude

Wenn Ihre Bücher in Billy-Regalen stehen, wenn sich dort Verena Stefans *Häutungen*, 1975 erschienen im Verlag Frauenoffensive, und daneben Karin Strucks *Klassenliebe* von 1973 im lila Einband der edition suhrkamp, nicht zu vergessen Anja Meulenbelts *Die Scham ist vorbei*, 1976 als Übersetzung aus dem Niederländischen ebenfalls bei Frauenoffensive herausgekommen, finden oder *Die linkshändige Frau* von Peter Handke von 1976, *Abschied von den Eltern* von Peter Weiß, zuerst 1961 und dann 1964 in Grün in der edition suhrkamp publiziert, und Rainald Goetz' *Irre* aus dem Jahr 1983, diese Letzteren allerdings nach Alphabet unter Literatur geordnet, sowie *Ökonomische Zwänge und menschliche Beziehungen* von Klaus Ottomeyer aus dem Jahr 1977, versehen mit dem die Bücher Eva Illouz' vorwegnehmenden Untertitel »Soziales Verhalten im Kapitalismus«, oder *Die hilflosen Helfer* von Wolfgang Schmidbauer, ebenfalls 1977 bei Rowohlt in Broschur auf den Markt gekommen, und dann natürlich *Angst im Kapitalismus*, in knalligem Gelb 1974 im Softcover bei Kübler – wenn diese Bücher oder Bücher dieser Art in Ihren Regalen stehen oder gestanden haben, dann gehören Sie zur Kohorte der zwischen 1958 und 1968 geborenen Baby-Boomer. Und zwar zur Mehrheit dieser Geburtsjahrgänge, die nicht aus einem akademischen Elternhaus stammen, denn dann würden Golo Manns *Wallenstein* und Gottfried Benns *Der Ptolemäer* nicht fehlen. Für diese Mehrheitsfraktion der Boomer waren die neugegründeten Universitäten von Bochum (als Geschenk für den Ruhrpott), Bayreuth (als Strukturentwicklungsmaßnahme für Nordostbayern) oder Kassel (als Gesamthochschule für das nordhessische Zonenrandgebiet) Ausbildungsstätten für den sozialen Aufstieg durch Bildung.

Diese Boomer waren die Ersten aus ihren Familien, soweit sie deren Stammbaum überhaupt zurückverfolgen konnten, die ihren Bildungsweg mit einem akademischen Abschluss krönten. Auch wenn sie Agrarwissenschaften, Chemie oder Jura studierten, sie wollten schon nach dem zweiten Semester nicht einfach nur Bücher kaufen, sondern eine Bibliothek anlegen. Eine Bibliothek entsteht dadurch, dass man mit den Büchern eine Ordnung herstellt. Nicht nur, um sie schnell wiederzufinden, sondern weil man den Wunsch verspürt, die Bücher so zu arrangieren, dass ihre Aufstellung einen Sinn ergibt. Belletristische Bücher, Fachbücher, Sachbücher, Lyrikbände und Ausstellungskataloge bilden das Material für ein Weltwissen, das man sich selbst angeeignet hat. Indem man sie mit Unterstreichungen, Randnotizen, eingelegten Blättern und bunten Haftstreifen versehen hat oder weil man sich entschieden hat, sie jeweils einzeln aus einem bestimmen Grund anzuschaffen, den man unter Umständen gar nicht mehr weiß.

Die Bibliothek wird dann zum Ausdruck einer Bildungsbiografie. Im Studium musste man sich in einem Labyrinth der Gelehrsamkeit zurechtfinden, wo die Gelehrten vorgaben, auf den Schultern von Riesen zu sitzen. Diese Riesen hatten Bücher geschrieben, von denen man das eine oder andere zuhause haben sollte. Allein die Anschaffung eines dieser Klassiker konnte als Initiation in eine Institution gelten, die sich die Sozialisation durch Wissenschaft auf die Fahnen geschrieben hatte. Es bedurfte dazu einer Buchhandlung, die solche Bücher führte, und eines Buchhändlers, der einen als kundigen Käufer wahrnahm, wodurch ein schnöder Kauf den Anschein eines erhebenden Rituals bekam.

Zudem trug eine Freundin wochenlang ein Buch mit sich herum, und man musste, um überhaupt nur mitsprechen zu können, eine Meinung zu diesem Buch haben. Das Bluffen gelang auch besser, wenn man das Buch besaß und es zumindest angelesen hatte. Schließlich gehörten Besprechungen zur Praxis des Lesens. Was man bei Peter Iden oder Wolfram Schütte in der *Frankfurter Rundschau* über ein Buch lesen konnte, wie das Schirrmacher-Feuilleton der *FAZ* zuschlug und was die genialen Dilettanten von der *taz* beizutragen hatten, all diese paratextlichen Akte waren geeignet, die Lektüre zu einem öffentlichen Ereignis zu machen, an dem man als Leserin teilhatte. So konnte man tatsächlich auf den Gedanken verfallen, dass man sein Leben auch nach Lektüren einteilen kann.

Aus Gründen der Feldkenntnis ist hier von den Boomern West die Rede. Natürlich haben ebenso die Boomer Ost zuhause Bibliotheken angelegt. Vermutlich mit Büchern wie *Guten Morgen, du Schöne*, den 1977 herausgekommenen Protokollen nach Tonband von Maxie Wander, Christoph Heins Novelle für Heranwachsende *Der fremde Freund* von 1982, der Erzählung *Die Geschwister* von Brigitte Reimann von 1963 sowie *Der geteilte Himmel* von Christa Wolf, ebenfalls von 1963, sicherlich *»Ich«* von Wolfgang Hilbich (1993), Peter Hacks' Märchen-Novelle *Der Schuhu und die fliegende Prinzessin* als Kinderbuch von 1966 und zweifellos, wenn einen 1968 in Prag etwas anging, *Zweiundzwanzig Tage oder die Hälfte des Lebens* von Franz Fühmann aus dem Jahr 1973.

Aber welche Lebensgeschichte diese Bücher in einer Bibliothek erzählen, kann man als Westler nicht ermessen. Auch die Frage, ob Rudolf Bahros *Die Alternative* von 1977 mit Gründen fehlt oder vorhanden ist, stößt schnell ins Leere. Fraglich ist auch, ob die Bücher von Heiner Müller und Thomas Brasch typisch für eine Boomer-Bibliothek-Ost sind. Vielleicht sind dies mehr Schriftsteller aus dem Osten für den Westen als für den Osten. Darüber werden die Meinungen auseinandergehen.

Außerdem zeugen die zuerst genannten Titel aus der Boomer-Bibliothek-West von einer gewissen Zentrierung auf den staatsabhängigen psychosozialen Mittelstand, also auf jene Boomer, die schließlich als Ärztinnen, Lehrkräfte, Richterinnen, Psychotherapeuten, Sozialarbeiterinnen, Verwaltungskräfte und Beraterinnen Anstellung im erweiterten bundesrepublikanischen Wohlfahrtssystem gefunden haben. Daraus hat sich bei ihnen eine Ambivalenz von materieller Abhängigkeit und kritischer Distanz in Bezug auf ihren großen Arbeitgeber ergeben. Die ökonomischen Zwänge werden mit den menschlichen Beziehungen in Verbindung gebracht, die Angst geht um im Kapitalismus, und das Ich begreift sich aus seinem Irresein. Die Boomer sind ausweislich ihrer Bibliothek keine Max-Weber-Menschen mehr, die im Anstaltsbetrieb des Staates ihre Rolle ausfüllen, sie fühlen sich eher auf einer Bühne, wo sich die Beteiligten auf der Suche nach dem Autor befinden.

In die intimen Bereiche einer Bibliothek gelangt man, wenn einem in ihr ein fremd anmutendes Buch begegnet. Es handelt sich beispielsweise um ein ziemlich zerlesenes Exemplar von Max Frischs Roman *Mein Name sei Gantenbein* in der Taschenbuchausgabe von Fischer aus dem Jahr 1969. »Holger Februar 1974« wird auf der zweiten Umschlagseite als Besitzer und Lesezeitraum angegeben. Kein Nachname. Der war, sagt die Erinnerung, ein oder vielleicht zwei Jahre Mitbewohner in der WG. Eine scheue Person, die nicht viel Aufhebens von sich machte. Hat der viel gelesen? »Jedermann erfindet sich früher oder später eine Geschichte, die er für sein Leben hält.« Das ist dick mit Bleistift in den Bemerkungen über dieses Buch unterstrichen. Sonst sind die Unterstreichungen, die sich über das gesamte Buch erstrecken, mit einem Kugelschreiber vorgenommen worden. »Von einem Mann, der seine eignen Briefe liest, will Baucis keinen Kuss; sie hat es ihm nicht zugetraut, sie hat gemeint, sie kenne ihn; sie sitzt vor einem Fremden.« Das ist sogar doppelt in harter Kugelschreiberart unterstrichen. Holger war uns, spricht die Erinnerung, in der WG ein Fremder. Er hatte keine Chance, uns dafür zu interessieren, was in seinem Kopf und sonstwo in seinem Körper vorging. Er soll nach seiner Tätigkeit in einem selbstverwalteten Koop-Betrieb ein »Praxishandbuch Selbstverwaltung« verfasst haben.

Man könnte an dieser Stelle eine kleine Phänomenologie des Unterstreichens einfügen. Wer nur mit Bleistift, womöglich mit einem Druckbleistift, und wer wahllos mit Bleisteift und mit Kugelschreiber unterstrichen hat. Neigen die Bildungsbeflissenen zum Bleistift, die Möglichkeit des korrigierenden Wegradierens mitbedenkend, und die Gefühlsbestimmten zum Tintenstift, sei's zum Kugelschreiber, sei's zum Filzstift? Und wer traut sich die Notierung von Randbemerkungen, verdeutlichender oder bewertender Art? »So, so«, »Ach, nee«, »Geht's noch« lauten die Kommentare kecker Leserinnen und Leser.

Wie viele Bücher das waren, merkte man beim Umzug. Die Kartons konnte man höchstens bis zur Hälfte füllen, weil die Bücher mit dem ganzen Wissen richtig schwer waren und ein ums andere Mal die Ausstanzungen für die Griffe eingerissen waren. Beim Auspacken änderte sich in der Regel die Ordnung. Die blauen Bände, die in der Zeit der Kapitalkurse enorm wichtig waren, wurden aus dem Alphabet herausgenommen und wanderten in die oberen Regale, und widerspenstig verhielten sich Bände wie *Die Reise nach Ixtlan* mit den Lehren des Don Juan von Carlos Castaneda oder die Reiseberichte von Bruce Chatwin über Patagonien oder über die *Songlines* der indigenen Menschen Australiens. Die waren weder Fiction noch Non-Fiction, dafür aber voller Wunder und Überraschungen.

Eine Bibliothek, merkten die Boomer bald, ist ein Schatz, der gehütet und gepflegt werden will. Man muss aussortieren, um bewahren zu können. Dieses Problem stellte sich schon in den neunziger Jahren, als sie der Ausbildung entronnen und im Beruf angekommen waren, bei den Taschenbüchern von Rowohlt, Fischer und Ullstein. *Kapital und Arbeit in der Bundesrepublik* von Urs Jaeggi musste dran glauben, auch das *Schwarzbuch: Franz Josef Strauß* von Bernt Engelmann. Günter Wallraffs *Ganz unten* wurde dagegen wieder einsortiert. Die Taschenbücher mit sozialwissenschaftlichem Anstrich über die gesellschaftlichen Verhältnisse und die sozialen Fragen hatten irgendwann am Ausgang des Jahrhunderts ihr Bleiberecht in der Bibliothek verspielt. Der Band *Die SPD nach Hitler* von Theo Pirker von 1977 oder *Die Arbeit der Zuspitzung – Über die Organisation einer regierungsfähigen Linken* von Peter Glotz aus dem Jahr 1984 blieben jedoch noch im Regal.

Unterdessen begann die Avantgarde der Boomer die Einzelausgaben da und dort durch eine Gesamtausgabe zu ersetzen. Suhrkamp bot Werkausgaben von Brecht, Hegel, Hesse an, die wie Zigarrenkisten aussahen und jeweils einen Block in der Bibliothek bildeten. Boomer mit akademischem Abschluss fingen mit einem Mal an, in Werken zu denken, die mit einem Namen aufgerufen wurden: wie Freud analysieren, wie Thomas Mann fühlen, wie Nietzsche wildern und wie Linné ordnen. Irgendwann muss eine Bibliothek klassisch werden und darf nicht mehr wie ein Sammelsurium von einzelnen Büchern daherkommen. Dann verallgemeinert sich das Ich mit seinen Büchern und tritt in die gebildeten Stände ein. Die begreifen sich als Stütze der Gesellschaft, die ihre Bildung von Generation zu Generation weitergibt. Nicht als Zwang zum Statuserhalt, sondern aus dem Gefühl heraus, Glied in einer langen Kette zu sein.

Für die Boomer ist diese Kette nicht mehr nur männlich. Sie bildeten die erste Nachkriegsgeneration, in der für die Mädchen klar war, dass das Aufstiegsziel nicht mehr die Chefsekretärin mit Fremdsprachenkenntnissen ist. In der *taz* klopften Mittzwanzigjährige an die Tür und forderten eine autonome Frauenredaktion. Das Chaos in der Vagina war genauso ein politisches Thema wie die Subsistenzökonomien im Amazonasbecken. Wenn in einer Boomer-Bibliothek Virginia Woolfs *Ein Zimmer für sich allein* fehlt, stimmt etwas nicht. Der feministische Realismus bildet den spezifischen Midcult in der Büchersammlung der Boomer.

In einem gesonderten Teil der häuslichen Bibliothek befinden sich die Bildbände. Die Boomer gehörten zu den zehn Prozent von Besuchern einer Ausstellung, die einen Katalog erwarben. Heute sind es nicht einmal ein Prozent. Legendäre Ausstellungen wie *Westkunst. Zeitgenössische Kunst seit 1939* von Kaspar König und László Glózer 1981 in der Kölner Messehalle, *Männerbande – Männerbünde. Zur Rolle des Mannes im Kulturvergleich* von Karin Welck und Gisela Völger 1990 im Kölner Rautenstrauch-Joest-Museum und in der Josef-Haubrich-Kunsthalle, *deutschlandbilder – Kunst aus einem geteilten Land*, 1998 eingerichtet von Eckhart Gillen und Rudolf Zwirner im Berliner Gropiusbau, sollen im Gedächtnis bleiben. Diese Kataloge sind zwar heute nicht mehr viel wert, aber sie sind Wegmarken. Genauso wie manche Kataloge von documenta-Ausstellungen. Vor allem das Katalogbuch der documenta x, die Catherine David 1997, und mit ihr erstmals eine Frau als Leiterin der documenta, als Diskursereignis inszeniert hatte. Der Band *Politics* ist ein Nachschlagewerk für die Diskurse, die das neue Jahrhundert bestimmt haben. Das wirft man nicht weg. Aber was wird aus dem ganzen schweren Rest von Bildbänden über Blinky Palermo, Hanne Darboven oder Dennis Hopper?

Was auf keinen Fall in der Papiertonne landen darf, sind die gar nicht gut zu lagernden Ausgaben der *Schwarzen Botin* oder die leider nur fast vollständige Sammlung der 1964 von Hildegard Brenner übernommenen *alternative*. Es müssen natürlich nicht diese Zeitschriften sein, aber in vielen Boomer-Bibliotheken gibt es solche Restsammlungen von einstmals wichtigen periodischen Veröffentlichungen. Es können auch fünf Bände der Gelben Reihe von Hanser sein, die man außerhalb des Alphabets zusammenstehen hat.

Den Boomern, die eine Schicht aus Bildungsaufsteigern geworden sind, schwant allerdings, dass ihre Kinder und Enkel kein Interesse an ihren Bibliotheken haben. Sie verzichten darauf, anhand der Bücher, die ihre Omas und Opas hinterlassen haben, nachzuvollziehen, wie diese zu dem geworden sind, was sie am Ende waren. Das ist, wenn man ehrlich ist, eine schmerzliche Erkenntnis, weil dies der Beweis ist, dass man es doch nicht geschafft hat, ein neues, spezifisch bundesrepublikanisches Bildungsbürgertum darzustellen.

Im letzten Jahr hat man schon über 250 Bücher aussortiert. Kein Antiquariat war dafür zu finden. Im Grunde war das eine Befreiung, die Raum für die Bücher von heute über den digitalen Kapitalismus, den demokratischen Autoritarismus und eine Literatur ohne Erzählung geschaffen hat. Aber soll das nunmehr Jahr für Jahr so weitergehen?

Vielleicht könnte man sich an das »Haus der Geschichte« in Bonn mit der Idee wenden, in der Dauerausstellung über die Geschichte der Nachkriegszeit in West und Ost eine typische Boomer-Bibliothek in doppelter, nämlich West- und Ost-Ausfertigung zu präsentieren. Dann können die Enkel sich wenigstens dort ein Bild davon machen, welche Bedeutung Arbeit, Politik und Liebe im Leben ihrer Großeltern gehabt haben.

Hoffnung, bei Fuß! *Philosophischer Parcours für finstere Zeiten*

Von Christoph Paret

Es war schon Herbst, als wir den Langbathsee entlangspazierten, und fast zu kühl, um noch zu baden. Seltsam, an einem Schild, auf dem »Ende« stand, konnte man einfach vorübergehen. Ende wovon? In der Nähe dieses Schilds umschwänzelte uns auf einmal ein schwarzer Hund, wir wussten anfangs nicht, ob er furchteinflößend oder sympathisch war. »Hope!«, rief ihn die Besitzerin zurück, aber keine Chance. Längst hatten die Kinder angefangen, Stöckchen in den See zu werfen. Hope ließ sich nicht lange aufhalten und stürzte sich in die Fluten. Doch so leicht sie zu animieren gewesen sein mochte, immer wenn sie zurückkam, wusste sie nicht so recht, was tun. Verlegen stand sie dann vor uns, außerstande uns, die wir nicht ihr Frauchen waren, das Stöckchen zurückzugeben. »Hope, wo bist Du schon wieder?«, schimpfte diese. Immer wieder warfen die Kinder Stöckchen, immer mehr Stöckchen balancierte Hope mühsam im Maul, niemals wanderte eines davon zurück in die Hände der Kinder. »Hope, bei Fuß!«, mahnte vergeblich die Besitzerin. »Hope, gib uns doch mal ein Stöckchen!«, dachten vergeblich die Kinder. Jakub, der neben mir stand, sagte: »Die Hoffnung ist ein Hund.«

Hoffen auf die Hoffnungslosigkeit

»Die Hoffnung ist ein Hund«, hatte auch jene Therapeutin gesagt, als es um die Frage ging, wieso ich übermenschlich lange in einer Situation ausgeharrt hatte, die reizlos war und in der keine Aussicht auf Veränderung bestand. »Sie schleicht sich durch die kleinsten Ritzen, lässt nicht von einem ab.« Wenn es nur das wäre, dass man sich an die ein oder andere vergebliche Hoffnung klammert, aber es ist wohl eher die Hoffnung selbst, die sich an einen klammert, und zumindest darin ist sie höchst erfolgreich.

Deshalb ist fast jede Klage über eine »hoffnungslose« Lage verfrüht, deshalb geht jede Frage nach der Berechtigung der Hoffnung (das kantische »Was dürfen wir hoffen?«) am Punkt vorbei. Es reicht nicht, die Hoffnung zu kritisieren. Sie zu verlieren, erweist sich als die eigentliche Schwierigkeit. Die treue Hope aussetzen? Versucht's! Es ist eine alte Geschichte. Man kann so einiges freilassen und loslassen auf die Wirklichkeit, das Übel, die Mühen, die Krankheit und den Tod, aber die Hoffnung wird als nicht wegzukratzender Rest im Fass der Pandora zurückbleiben.

Und so bleibt einem unter Umständen nur eine eigenartige Hoffnung, es ist die Hoffnung auf die Hoffnungslosigkeit selbst. Man nehme Alenka Zupančič' bemerkenswertes Plädoyer zur Reaktivierung des Kommunismus: »Wenn tatsächlich sowieso alles zum Teufel geht (wie wir angeblich ›sehr gut wissen‹), warum dann nicht die Kräfte bündeln und den Kampf für den wahren Kommunismus aufnehmen, eine Form der Welt als Gemeingut schaffen? Was können wir schon verlieren, wenn sowieso alles zum Teufel geht? Oder glauben wir einfach nicht wirklich, dass alles zum Teufel geht, und reden nur gerne so? In diesem Fall würde die Frage lauten: Was könnte uns wirklich erzittern lassen?«[1]

In der Tat, das Wissen um angeblich unhaltbare Zustände berührt uns wenig. Das übliche Gegenargument gegen den Kommunismus (schöne Idee, schreckliche Konsequenzen) sollte aber tatsächlich immer weniger überzeugen, je mehr sich der Eindruck verfestigt, man würde diese schrecklichen Konsequenzen auch ohne vorgängige schöne Idee erleiden müssen und gänzlich ideologielos in der Misere stecken. Dann bietet sich der Gedanke an, inmitten all dieser schrecklichen Konsequenzen zuletzt noch einmal die schöne Idee leuchten zu lassen, aber es ist die Hoffnung – sie stirbt bekanntlich zuletzt –, die uns von derlei Rückhaltlosigkeiten abhält. Was könnte uns erzittern lassen?

Kierkegaard: Wiedergänger sein

»Die Hoffnung ist ein neues Kleid, steif und stramm und glänzend, man hat es jedoch niemals angehabt, und weiß darum nicht, wie es einen kleiden wird oder wie es sitzt. Die Erinnerung ist ein abgelegtes Kleid, welches, so schön es ist, nicht mehr passt, da man aus ihm herausgewachsen ist.«

Dagegen bringt Kierkegaard die Wiederholung in Stellung: »Wer aber nicht begreift, daß das Leben eine Wiederholung ist, und daß dies des Lebens Schönheit ist, der hat sich selbst gerichtet und verdient nichts Besseres, als daß er umkommt, was ihm denn auch widerfahren wird; denn die Hoffnung ist eine lockende Frucht, die nicht satt macht, die Erinnerung ist ein kümmerlicher Zehrpfennig, der nicht satt macht; die Wiederholung aber ist das tägliche Brot, welches satt macht und dabei segnet.«

Das ist nicht lediglich ein Plädoyer dafür, das Leben in seiner Alltäglichkeit zu führen. Es geht um den schwindelerregenden Gedanken, dass das Leben glückt, indem es als Wiederholung seiner selbst geführt wird. In gewisser Weise ist die Wiederholung, die Kierkegaard meint, nämlich zukunftsträchtiger als jede Hoffnung. Es geht darum, das ganze Leben gleich zu seinem Beginn in einem gewaltigen Satz nach vorne zu überspringen, in den eigenen Tod, um dann als Wiedergänger seiner selbst zu leben.

Zu diesem Da Capo muss man aber erst einmal in der Lage sein, und nichts ist weniger garantiert: »Wenn man das Dasein umschifft hat, so wird sich zeigen, ob man Mut hat zu verstehen, daß das Leben eine Wiederholung ist, und Lust hat sich an ihr zu freuen. Wer das Leben nicht umschifft hat, ehe denn er anhob zu leben, der gelangt niemals dahin, zu leben; wer es umschifft hat, aber satt geworden ist, der hätte eine kümmerliche Leibesverfassung; wer die Wiederholung gewählt, er lebt. Er läuft nicht einem Knaben gleich den Schmetterlingen nach, oder steht auf den Zehenspitzen, um nach den Herrlichkeiten der Welt zu spähen; denn er kennt sie; er sitzt auch nicht da wie ein altes Weib und spinnt den Rock der Erinnerung ab, sondern er geht

1 Alenka Zupančič, *Die Apokalypse enttäuscht (noch) immer*. In: Alexander García Düttmann / Marcus Quent (Hrsg.), *Die Apokalypse enttäuscht. Atomtod Klimakatastrophe Kommunismus*. Zürich: diaphanes 2023.

geruhig seines Weges, der Wiederholung froh.«[2]

Das Leben umschiffen, ehe man anhebt zu leben, es sodann als seine eigene Wiederholung zu leben: Einmal ist keinmal, und nur das zweite Mal kann das erste Mal sein. Bei der Wahl zwischen der Erinnerung an eine entschwundene Vergangenheit und der Hoffnung auf eine ungewisse Zukunft möge man sich also für *jene Erinnerung an die Zukunft* entscheiden, die die Wiederholung ist, insofern »die eigentliche Wiederholung sich der Sache vorlings erinnert«. Die Frage bleibt allerdings, »ob eine Wiederholung möglich sei«. Man kann es nur hoffen, womit die Wiederholung allerdings wiederum von jener Hoffnung abhängig gemacht worden wäre, deren Ersatz sie hätte bilden sollen. »Hope, hierher!«

Wittgenstein: Tautologisch hoffen

Man muss, um sich vorlings zu erinnern, das Ende immer schon passiert haben. Fatal wäre es, dieses Ende zu verschieben. Genau dies markiert allerdings den momentan vorherrschenden Imperativ der Verhinderung oder wenigstens der Verzögerung: Verhindern eines sechsten Massenaussterbens, Verhindern einer weiteren Klimaerwärmung, Verhindern des Zusammenbrechens der Europäischen Union, Verhindern des Zusammenbruchs der ukrainischen Front usw.

Es war Wittgenstein, der das Problem dieses Aufschubs identifiziert hat: »Der Mensch reagiert so: er sagt ›Nicht das!‹ – und kämpft es an. Daraus entstehen vielleicht Zustände, die ebenso unerträglich sind; und vielleicht ist dann die Kraft zu weiterer Revolte verausgabt. Man sagt: ›Hätte der nicht das getan, so wäre das Übel nicht gekommen‹. Aber mit welchem Recht? Wer kennt die Gesetze, nach denen die Gesellschaft sich entwickelt? Ich bin überzeugt, daß auch der Gescheiteste keine Ahnung hat. Kämpfst Du, so kämpfst Du. Hoffst Du, so hoffst Du.« Und er fügt hinzu, als kleine Erinnerung daran, den Antiszientismus nicht der falschen Seite zu überlassen: »Man kann kämpfen, hoffen und auch glauben, ohne *wissenschaftlich* zu glauben.«[3]

Vielleicht ist das Problem also nicht einmal, dass das mögliche Ende der Welt (und sei es auch nur das Ende meiner Welt) nicht genug Dringlichkeit besitzt, um uns zum Handeln anzutreiben (wie es die übliche Klage über die allgemeine Ungerührtheit angesichts von Katastrophenszenarien suggeriert). Vielleicht ist man umgekehrt sogar versucht, viel zu schnell Gegenmaßnahmen zu ergreifen. Man kann sich bei der Abwehr eines bestimmten Ereignisses aufreiben. Hat man einmal angefangen, seine Energien der Frage zu widmen, das Eintreten eines bestimmten Geschehens aufzuhalten, so kann es leicht geschehen, dass daraus ungeahnte Verwicklungen entstehen. Womöglich führt man sogar unabsichtlich Ereignisse herbei, die ebenso unannehmbar sind wie dasjenige, das man ursprünglich hatte verhindern wollen. Es kann sein, dass einem dann irgendwann die Kraft fehlt, dieses weitere Ereignis abzufedern. Und dann?

2 Sören Kierkegaard, *Die Wiederholung* [1843]. Düsseldorf: Eugen Diederichs 1955.

3 Ludwig Wittgenstein, *Vermischte Bemerkungen*. In: *Werkausgabe*. Bd. 8. Frankfurt: Suhrkamp 1984.

Dieses Problem erschöpft sich nicht darin, dass die Zukunft ungewiss ist und die Folgen unseres Tuns immer Überraschungen bergen können. Es ist viel dezidierter: Eine Handlung der Abwehr zielt darauf ab, dass etwas nicht geschieht, ohne darauf zu achten, was diese Handlung für sich selbst genommen bedeutet. Man läuft deshalb Gefahr, irgendwann »am Ende« zu sein, ohne auch nur irgendetwas angefangen zu haben. Allerdings reicht es Wittgenstein zufolge auch nicht aus, ein positives Projekt zu starten, das sich erst in Zukunft vollends realisiert und auf dem Weg dahin versanden kann.

Vielmehr sind Handlungen gefordert, die sich selbst genügen, die keine außerhalb ihrer liegenden Zwecke kennen, die deshalb in jedem einzelnen Moment zum Abschluss gekommen sind. Wittgenstein hat nicht per se ein Faible für das Hoffen, genauso wenig wie er per se etwas dagegen hat, dass man kämpft. Das eine kann genauso legitim und wirksam sein wie das andere, sofern man nur *aus den richtigen Gründen* hofft oder kämpft. Aus den richtigen Gründen heißt in diesem Fall, um seiner selbst willen: »Kämpfst Du, so kämpfst Du. Hoffst du, so hoffst Du.«

Unsere Kämpfe werden wir vielleicht verlieren, unsere Hoffnungen werden wohl enttäuscht werden (»Was ein Mann träumt, das erfüllt sich so gut wie nie«), und unser Glauben wird auf immer ein ungedeckter Scheck sein. Wir werden also Niederlagen einstecken, wir werden um unsere Hoffnungen betrogen werden und wir werden niemals Beweise dafür erhalten, richtig gelegen zu haben, aber so sehr wir verlieren, wir werden uns selbst nicht verloren haben, *indem* wir gekämpft oder gehofft oder geglaubt haben.

Das Ende kann dann kommen, wann es will und wie es will: Es wird uns auf jeden Fall als Kämpfende oder Hoffende oder Glaubende antreffen und kommt somit immer zur rechten Zeit. Es geht nicht darum, zu siegen oder dass sich die eigene Hoffnung erfüllt, es geht darum, ob es sich erfüllt, *dass* man kämpft oder *dass* man hofft. Dies kann einem niemand nehmen, darin liegt die Weisheit, die Zusicherung, der Trost jener Tautologie, die wie jede Tautologie niemals falsch sein kann: »Kämpfst Du, so kämpfst Du. Hoffst Du, so hoffst Du.«

In früheren Jahren hatte Wittgenstein die Leere der Tautologien gebrandmarkt, so wie Kierkegaard die Leere der Hoffnung (die lockende Frucht, die nicht satt macht), aber diese beiden Leeren müssen sich verschwistern, um sich zu erfüllen, die Hoffnung (oder das Kämpfen) muss tautologisch werden, um immer wahr zu sein, also kämpfe Du; Du aber, Du hoffe! »Hope, bei Fuß!«

Kafka: Linksliegenlassen der Hoffnung

»Ich erinnere mich eines Gesprächs mit Kafka, das vom heutigen Europa und dem Verfall der Menschheit ausging. ›Wir sind‹, so sagte er, ›nihilistische Gedanken, Selbstmordgedanken, die in Gottes Kopf aufsteigen‹. Mich erinnerte das zuerst an das Weltbild der Gnosis: Gott als böser Demiurg, die Welt sein Sündenfall. ›O nein‹, meinte er, ›unsere Welt ist nur eine schlechte Laune Gottes, ein schlechter Tag.‹ – ›So gäbe es außerhalb dieser Erscheinungsform Welt, die wir kennen, Hoffnung?‹ – Er lächelte: ›Oh, Hoffnung genug, unendlich viel Hoffnung, – nur nicht für uns.‹«[4]

4 Max Brod, *Der Dichter Franz Kafka*. In: Gustav Krojanker (Hrsg.), *Juden in der deutschen*

Das ist die ultimative Kunstform der Hoffnung, Kafka hofft übermäßig, aber zugleich ganz und gar nicht, es gibt unendlich viel Hoffnung, von der wir aber leider ausgeschlossen seien. Wittgensteins leerer (aber garantierter) Hoffnung entspricht bei Kafka eine Fülle der Hoffnung, die jedoch nicht uns betrifft. Es ist verblüffend, wie Kafka dabei einem Nihilismus entkommt, ohne deshalb umgekehrt irgendwelche positiven Überzeugungen zu haben. Nicht wir sind die Nihilisten, wir sind Gottes »nihilistischen Gedanken«. Dieser Gott denkt nicht an uns, er denkt unmittelbar uns, denn was dabei herauskommt, sind diese Nichtigkeiten, die wir halt leider sind.

Die Ironie besteht darin, dass das Problem weniger unsere Gottverlassenheit ist, der unendliche Abgrund, der uns von Gott trennt, sondern umgekehrt eine bedrückende Intimität mit Gott, die Tatsache, dass wir seine verkörperten Selbstmordgedanken sind, als wären wir wandelnde Allegorien seines Nihilismus. Damit, behauptet zunächst der Freund, reiht sich Kafka in die Tradition der Gnosis ein, wonach wir das Erzeugnis des falschen Schöpfers sind und der wahre Gott unendlich fern ist.

Mich entzückt die kleine Korrektur, die Kafka vornimmt an diesem Versuch, ihn einzuordnen. Gewiss ergehen sich Kafka und Brod hier in metaphysischen Spekulationen und sie rufen Jahrhunderte alte Debatten auf, aber Kafka springt nicht aus diesen Narrativen heraus, um in der Sicherheit und der Nüchternheit irgendeines Alltäglichen zu landen, er verkehrt die Situation der Welt vielmehr in eine Alltagssituation Gottes, der einen »schlechten Tag« habe. Unsere Welt, das ist seine vorübergehende schlechte Laune. Wenn es eine Aussicht auf Änderung gibt, dann betrifft das nicht uns, sondern allererst ihn. Für ihn könnte es bessere Tage geben, für uns nicht.

Das kulminiert in der witzigen Bemerkung, dass es unendlich viel Hoffnung gäbe, nur nicht für uns, wobei es sich hier weniger um jene existenzielle Verlegenheit handelt, als die diese Bemerkung oft zitiert wird, sondern vielmehr um deren eigene Lösung. Das Problem ist, wieder einmal, nicht die Hoffnungslosigkeit, genauso wenig wie dessen Lösung größere Hoffnung wäre. Das Problem ist die Art von Hoffnungslosigkeit, die partout von der Hoffnung nicht ablässt. Ja, wir müssen die Hoffnung verlieren, aber auf richtige Weise.

Denn die übliche und träge Hoffnungslosigkeit ist, im Negativen, noch total bestimmt von der Hoffnung als ultimativer Referenzgröße. Die Hoffnung muss wirksamer ausgeschaltet werden, und dies glückt dadurch, dass man sagt, sie ist da, in unendlicher Fülle, aber nicht für mich. Auf diese Weise lässt man nicht die Hoffnung los, so lässt einen die Hoffnung los, und es stellt sich, in dieser Art der Hoffnungslosigkeit, Heiterkeit ein: »Er lächelte«. »Lass mal gut sein, Hope.«

Obwohl: Wenn Hope zu Beginn dieses Texts dazu hatte herhalten müssen, die Verkörperung der Hoffnung zu sein in all ihrer Anhänglichkeit und gleichzeitigen Unbotmäßigkeit, dann hatten wir womöglich etwas missverstanden. Vielleicht ging es weniger darum, uns etwas von Hope über die Hoffnung verstehen zu geben, vielleicht ging es darum, uns von ihr dazu ermuntern

Literatur. Essays über zeitgenössische Schriftsteller. Berlin: Welt-Verlag 1922.

zu lassen, die Hoffnung selbst zu verkörpern, Allegorie der Hoffnung selbst zu sein.

Jedenfalls taten wir es Hope gleich und gingen das letzte Mal in diesem Jahr noch einmal baden. Hope hatte uns kein Stöckchen aus dem Wasser, aber ins Wasser gebracht. »So ein braver Hund!«

Demnächst:

Eva Geulen
Steffen Martus' »Erzählte Welt«

Helmut Müller-Sievers
Mit Thomas Pynchon durch vierzig Jahre USA

Johannes Franzen
Der Schwindel der Kunstfreiheit